TOMA

by Papierfresserchens MTM-Verlag

Bibliografische Information der Deutschen Nationalbibliothek:
Die Deutsche Nationalbibliothek verzeichnet diese Publikation in der
Deutschen Nationalbibliografie; detaillierte bibliografische Daten sind im
Internet über http://dnb.d-nb.de abrufbar.

1. Auflage 2012
ISBN: 978-3-86196-146-8

Bildnachweise:
Titelbild: © rubysoho - Fotolia.com
Illustration S. 83 f.: © linno - Fotolia.com
Fotostudio Mplus: S. 91, 92, 97, 98, 198
Foto Käs: S. 96
Bettina Spek: S. 96
picture alliance/dpa/Daniel Karmann S.150
weitere Bilder: Nico Pirner

Copyright (©) 2012 by Papierfresserchens MTM-Verlag
Heimholzer Str. 2, 88138 Sigmarszell, Deutschland

www.papierfresserchen.de
info@papierfresserchen.de

Nico Pirner

Stellen Sie sich vor

Ihr persönliches
Bewerbungs-Coaching mit

Wissen,
Witz
und Wirkung

Inhalt

Bevor es losgeht   7
Alles eine Frage der Motivation   10
Warum sind Personaler so, wie sie sind?   15
Die Be-Werbung   18
Die persönliche Inventur   21
Stellenanzeigen   25
Jobportale   34
Worthülsen   37

1. Schlüsselqualifikationen   41
    Teamfähigkeit   41
    Kommunikationsfähigkeit   42
    Analytische Vorgehensweise   43
    Durchsetzungsvermögen   45
    Selbstdisziplin   45
    Selbstwertgefühl / Selbstbewusstsein   46
    Kritikfähigkeit   46
    Belastbarkeit   47
    Persönliche Einschätzung   48
    Shorties kurz und knapp   54

2. Der Bewerbungs-Erfolgs-Loop   55
    Shorties kurz und knapp   61

    Recherche   63
    Anschreiben   66
    Analyse des Anschreibens   72
    Die Kurzanleitung für ein erfolgreiches Anschreiben   84
    Shorties kurz und knapp   89

Deckblatt   90

Das Bewerberfoto   93

Fragen an den Fotografen   96

Der Photoshop-Zombie-Effekt   97

Shorties kurz und knapp   99

Der Lebenslauf   100

Weiterbildung   105

Zusatzqualifikation   105

Was tun bei Lücken im Lebenslauf?   106

Shorties kurz und knapp   111

Die dritte Seite   112

Das sollten Sie über mich wissen   113

Die Initiativbewerbung   120

Shorties kurz und knapp   122

3. Onlinebewerbung   123

Shorties kurz und knapp   128

Das Arbeitszeugnis   129

Nachfassen   134

Der Elevator-Pitch   138

Leitfaden für die Erstellung eines Elevator-Pitch   140

Die Kopfstandmethode   142

Ermittlung eines Beginners mittels Reizwortanalyse   143

Reizwörter für Ihren Beginner   144

Mein Elevator-Pitch   145

Vom Umgang mit Headhuntern   146

Bewerber-Homepage   149

Stellengesuche   149

Shorties kurz und knapp   151

Ein Tag im Leben eines Personalers   152

4. Online-Reputation   **156**

Reputations-Check   160

Personen Suchmaschinen   161

Den Besitzer der Domain ermitteln   164

Erstellen einer positiven Online-Reputation   166

Vom Umgang mit Facebook   168

Googeln Sie doch einfach zurück   171

Shorties kurz und knapp   173

5. Das Vorstellungsgespräch   **174**

Verhaltensregeln   176

Fragenkatalog   181

Die richtige Stimmung im Vorstellungsgespräch   184

Finden Sie Ihren Eigenton   187

Eigenton-Übungen   188

Shorties kurz und knapp   184

6. Umfrage   **190**

7. Im Interview   **194**

Christine Fink   194

Herbert Ohlott   198

Uwe Regitz   201

8. Flüstertipps   **205**

9. Literaturtipps und -nachweise   **227**

10. Kopiervorlage   **229**

Der Autor

Bevor es losgeht

Ich möchte Ihnen eine Geschichte erzählen, die sich wirklich so zugetragen hat. Wir schreiben das Jahr 1932, in Amerika herrscht eine große Depression. Nach dem Börsencrash am 24.10.1929 herrschen im Land Hunger und Arbeitslosigkeit.

Die Arbeitslosenquote beträgt sage und schreibe 25 Prozent – 15 Millionen Menschen sind ohne Arbeit. Es ist eine Zeit, in der Tausende Menschen vor dem Arbeitsamt nächtigen, um eine der begehrten 250 freien Stellen zu bekommen, die an diesen Tag zu vergeben waren. Nicht selten endet dies in Ausschreitungen und Gewalt.

In dieser Zeit schaltet ein großer Konzern in New York eine riesige Stellenanzeige. Es wird ein Mitarbeiter für den Technischen Telegrafendienst gesucht. Eine Person also, die mittels des Morsealphabetes Nachrichten über weite Strecken übertragen kann. Menschen, die glaubten, diese Anforderungen erfüllen zu können, sollten sich an einem bestimmten Tag in New York im Gebäude der Firma einfinden.

Der Tag, an dem sich die Bewerber im Firmengebäude versammelten, war ein heißer Augusttag. Es ist 30 Grad heiß und drückend schwül. In einer riesigen Halle warten bereits seit fünf Stunden genau 262 Menschen, um endlich aufgerufen zu werden. Längst sind alle Stühle besetzt. Bewerber, die nicht das Glück hatten, einen Sitzplatz zu bekommen, stehen herum oder sitzen schon seit Stunden auf dem Boden.

Wie in Trance starren einige der Bewerber auf die Tür der Personalabteilung des Unternehmens, die noch immer verschlossen ist, und warten, dass nun endlich etwas passiert. Zu der drückenden Hitze in der Halle kommt noch der Lärm aus dem Nebengebäude hinzu. Da permanent gehämmert wird, scheint es sich um eine

größere Baustelle zu handeln. Zur sengenden Hitze, der unangenehmen Schwüle und dem tosenden Lärm mischt sich noch der
Geruch von Schweiß und anderen unangenehmen Ausdünstungen.

Als ganze sechs Stunden vergangen sind und die Ersten schon
aufgeben wollen, betritt ein weiterer Bewerber die Halle. Es ist ein
junger Mann im grauen Anzug, der lächelnd die Halle betritt und
smart in die Runde blickt. Er zieht die Nummer 263 am Counter
und setzt sich geduldig zu den anderen auf den Boden und wartet.
Als etwa 12 Minuten vergangen sind, steht der junge Mann plötzlich auf, läuft zielstrebig an allen anderen Bewerbern vorbei, öffnet
die Tür zur Personalabteilung und geht hinein.

Wie in Trance beobachten alle anderen Bewerber, was da soeben
passiert ist. Viele sehen sich verständnislos an und schütteln nur
den Kopf. Nach drei Minuten öffnet sich plötzlich wieder die Tür
und der Konzernchef kommt mit dem jungen Mann im grauen Anzug gemeinsam in die Halle. Zufrieden hat er seinen Arm über die
Schulter des jungen Mannes gelegt und sagt Folgendes:

„Sie können alle wieder nach Hause gehen, hier ist unser neuer
Mann für das Technische Telegrafenamt, vielen Dank und auf Wie-
dersehen."

*Was würden Sie denken, wenn Sie unter den Bewerbern gewesen wä-
ren? Welche Gefühle kommen da in Ihnen hoch? Schreiben Sie diese
bitte kurz auf.*

_____

_____

_____

_____

_____

Ich kann mir lebhaft vorstellen, was Sie gerade in kurzen Worten in den oberen Zeilen oder zumindest in Gedanken festgehalten haben. Wie kann man auch nur so unverschämt sein und sich vordrängen? Ist es jetzt so, dass man nur noch einen Job bekommt, wenn man unverschämt ist und andere Bewerber hintergeht?

Die Geschichte ist allerdings noch nicht vorbei. Um zu verstehen, warum die Geschichte so ausging, muss man Folgendes wissen: Die Klopfgeräusche, die die 262 Bewerber in der Halle über sechs Stunden genervt haben, waren in Wirklichkeit Morsezeichen die folgende Nachricht beinhaltet hat:

Wenn du das verstehst, gehe durch die Tür und du hast den Job.

Offensichtlich war der junge Mann im grauen Anzug der Einzige, der diese Morsezeichen verstanden hat. Sicherlich auch deshalb, weil er sich die Stellenanzeige genau angesehen und auch verstanden hat, um welche Tätigkeiten es ging. Er hatte im Vorfeld das Anforderungsprofil mit seinen Stärken abgeglichen.

Solch einen Erfolg wünsche ich Ihnen bei Ihrer Stellensuche auch. Damit das auch klappt, habe ich den Ratgeber geschrieben.

Herzlichst Ihr
Nico Pirner

Alles eine Frage der Motivation

Ups, falsches Buch in den Händen? Nein! Alles im Leben beginnt mit Motivation.

Gleich zu Anfang des Buches verrate ich Ihnen das Erfolgsgeheimnis, mit dem Sie garantiert Ihr Ziel erreichen werden. Nicht viele Menschen wissen davon, einige handeln intuitiv nach diesem Gesetz und haben Erfolg. Wiederum andere haben nie davon erfahren und sind auf ihr Glück angewiesen.

Um was geht es also? Ganz einfach: Es geht um eine uralte Verhaltensweise, die noch vom Urmenschen in uns steckt. Wir haben sie sozusagen vererbt bekommen. Dabei hat man es sehr gut mit uns gemeint.

Grundsätzlich gibt es nur zwei Arten der Motivation: die der Schmerzvermeidung und die zur Steigerung der Freude. Einmal als Kind auf die heiße Herdplatte gefasst und gespürt, wie weh das tut, merkt man sich das ein Leben lang. Daraus folgt die Motivation der Schmerzvermeidung.

Hat man dagegen einmal die süßen Früchte an einem Beerenstrauch genascht, weiß man, wie gut sie schmecken, und lässt sich so einiges einfallen, um auch noch an die anderen Beeren zu kommen. Daraus folgt die Motivation der Lustgewinnung.

Allgemein kann man sagen:

Heiße Herdplatte (autsch) ist „weg von".

Süße Beeren vom Strauch naschen (hmm lecker) ist „hin zu".

Leider leben die meisten Menschen nach der „weg von"-Motivation. Aber warum ist das so? Wie alles im Leben hat auch dieses Verhalten einen tieferen Sinn. Früher – nämlich in der Steinzeit – war ein derartiges Verhalten überlebensnotwendig. Einmal eine negative Erfahrung gemacht, sollte sie zum Schutz des Überlebens nicht mehr vergessen werden. Dies führt sogar so weit, dass bei einer ähnlichen Situation sofort wieder die Alarmglocken im Kopf losgehen und wir vieles von vornherein sein lassen. Obwohl es vielleicht erfolgsversprechend ist, könnte es ja wieder schief gehen, also lassen wir es lieber. So ist das Urprogramm in unserem Gehirn verankert.

Stellen wir uns einen noch sehr unerfahrenen Steinzeitmenschen einmal vor, wie er so auf der Suche nach Nahrung durch die Berge und Wälder stapft. Plötzlich steht er vor einer Höhle. Neugierig läuft er auf das Loch im Felsen zu. Kurz vor dem Eingang tritt er versehentlich in einen weichen, lauwarmen, bräunlichen Haufen und findet das Gefühl sogar etwas angenehm.

Als er in die Höhle tritt und sich nach einigen Metern neugierig umsieht, entdeckt er plötzlich einen riesigen Bären, der ihn erst fürchterlich laut anbrüllt und dann mit seiner gesamten Masse wie eine Dampflok auf ihn zu walzt. Völlig von Sinnen rennt unser Steinzeitmensch nun schreiend davon und kann sich in letzter Sekunde auf einem Baum vor diesem hungrigen Bär retten. Für den Rest seines Lebens wird dieser nette Steinzeitmensch nie wieder in eine unbekannte Höhle stapfen, schon gar nicht, wenn warmer Bärenkot davor liegt. Also „weg von", damit das Steinzeitleben sicher bleibt und er auch morgen noch kraftvoll in einen Dinoknochen beißen kann. Aber was hat das nun mit der Gegenwart zu tun? Nun ganz einfach, wir leben heute noch nach Verhaltensweisen wie unser Steinzeitmensch. Zumindest haben Teile unseres Gehirns noch gar nicht mitbekommen, dass wir jetzt viel zivilisierter leben.

Ein Beispiel:

Er: „Du Schatz, ich lade dich heute Abend ins Kino ein. In welchen Film möchtest du gehen?

Sie: „Also auf keinen Fall in diesen französischen Problemfilm, ja und schon gar nicht in so einen hoch technisierten Actionstreifen. Und der neue computeranimierte 3D soll ganz schlecht sein. "

Merken Sie etwas? Genau: „weg von"!

Offensichtlich hat die Dame in ihrem Leben wohl die ein oder andere schlechte oder sehr langweilige Erfahrung beim Sehen dieser Filme gemacht. Im Moment der Frage ihres Liebsten passiert nun etwas in unserem Kopf. Es bildet sich auf dieses negative Erlebnis bezogen ein sogenannter *Wahrnehmungsfilter.* Dieser Wahrnehmungsfilter lässt nun nur noch Situationen und Nachrichten durch, die uns in unserer Meinung bestätigen. Französische Filme = schlecht. Wenn morgen ein Kritiker einen neuen französischen Problemfilm mit seiner Kritik dem Erdboden gleichmacht, fühlt sich der Mensch mit dem Wahrnehmungsfilter bestätigt. Wenn allerdings der gleiche Kritiker den Film in den höchsten Tönen loben würde, käme die Information nicht durch den Wahrnehmungsfilter. So machen wir Menschen uns unsere Wirklichkeit selbst. Sie kennen das bestimmt von sich, jeder von uns behauptet mal mehr mal weniger, dass er bestimmte Tätigkeiten einfach nicht kann.

Ein Beispiel:

Alexandra behauptet von sich, den Umgang mit dem Programm Excel nicht erlernen zu können. Sie sagt: „Excel ist einfach zu kompliziert für mich, ich kapier das eh nicht." Jeder beachtliche Erfolg, den sie beim Umgang mit Excel hat, bezeichnet sie als puren

Zufall. Jede kleinste Schwierigkeit veranlasst sie dazu zu sagen: „Ha, ich habe es ja gleich gewusst, ich kapier das einfach nicht." Das ist das Werk eines typischen Wahrnehmungsfilters.

Wie wäre es, wenn Alexandra ihre Einstellung gegenüber der Software ändern würde? Wenn sie ihren Wahrnehmungsfilter auf das lenkt, was sie darin gut macht und sich daran erfreut? Ihre Einstellung würde sich komplett ändern und sie könnte in kürzester Zeit beachtliche Erfolge in Bezug auf das Arbeiten mit Excel haben. Was aber noch viel wichtiger ist, sie hätte ihren Spaß dabei.

Was bedeutet das nun im Bewerbungsprozess? Ganz klar, es fällt Ihnen schwerer, diesen Prozess mit einer „weg von"-Haltung zu bestehen als mit einer „hin zu".

Bei der „weg von"-Motivation *kotzt* Sie ihr derzeitiges Arbeitsleben an und Sie sind von den vielen Absagen nicht überrascht, aber trotzdem frustriert. Es geht nur darum, endlich wegzukommen. Lustlos schreiben Sie Ihre Bewerbungsunterlagen, es geht auch nur darum, endlich einen anderen Job zu finden.

Bei der „hin zu"-Motivation sind Sie neugierig in Ihrer Einstellung und brechen zu neuen Ufern auf. Sie nehmen eine Absage als Feedback, um besser zu werden, und sehen dies nicht als Niederlage. Der große blaue Ozean im Bewerbermeer ist Ihr Abenteuerspielplatz. Jedes Anschreiben, das Sie verfassen, und jede Analyse von Stellenanzeigen ist Ihr ganz persönliches Feng-Shui der Betriebswirtschaft. Mit jeder Analyse von Unternehmensstrategien und Tätigkeiten lernen Sie in diesem Bereich dazu. Sie kennen einen branchenspezifischen Begriff nicht? Schlagen Sie das Wort nach und lernen Sie so immer mehr dazu. Bleiben Sie immer neugierig und aktiv. Blenden Sie dabei Negatives aus und verstärken Sie die positiven Erlebnisse im Bewerbungsprozess.

Personalentscheider spüren genau, aus welcher Motivation heraus Sie sich bewerben. Versuchen Sie bitte immer aus einem eigenen Antrieb heraus Dinge in Angriff zu nehmen und nie, weil andere uns sagen, dass es besser für uns ist. Psychologen sprechen hierbei von:

Intrinsischen Zielen – eigener Antrieb
Extrinsische Zielen – jemand sagt uns, dass ...

Mit dem Bewerbungs-Erfolgs-Loop, den ich Ihnen im Buch vorstellen werde, haben Sie ein Tool, das Ihnen hierzu eine sehr große Hilfe bietet.

Warum sind Personaler so, wie sie sind?

Stellen Sie sich vor, Sie sind beim Autohändler und stehen plötzlich Ihrem Traumauto gegenüber. Da steht er also, Ihr Stolz auf vier Rädern, silberglänzend, riecht irgendwie neu und fühlt sich super an. Der Autoverkäufer weist noch mal auf die blank polierten Alu-Felgen hin und erklärt Ihnen, dass der Finanzierung nichts im Wege steht. Sie überlegen nicht lange und schlagen voller Vorfreude zu. Schließlich ist der Wagen morgen sicher schon weg und so ein Schnäppchen bekommen Sie so schnell nicht wieder. Also wird gekauft. Sie unterschreiben den Kaufvertrag und sind für 4000 Euro stolzer Besitzer des Gebrauchten.

Vier Wochen später

Schon nach den ersten Wochen haben Sie bemerkt, dass mit dem Wagen etwas nicht stimmen kann. Der Auspuff klingt plötzlich so komisch und beim Fahren des Fahrzeuges auf der Autobahn bemerken Sie so ein seltsam klopfendes Geräusch. Bei einer anschließenden Überprüfung durch eine Autowerkstatt stellt sich heraus, dass der Wagen viele Mängel hat und längst nicht das hält, was er

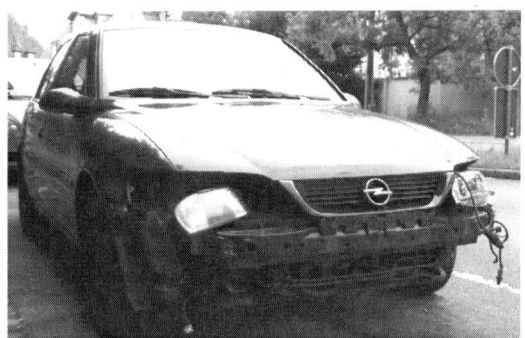

anfangs versprochen hatte. Der Motor ist nicht so leistungsfähig und auch das mit Spannung erwartete Fahrgefühl will sich einfach nicht einstellen. Die ersten teuren

Reparaturen tauchen aus dem Dunstkreis des anfänglich versprochenen Fahrspaßes und dem Gefühl auf, ein tolles Angebot genutzt zu haben. Langsam kommt der Verdacht in Ihnen hoch, dass Sie sich bei Ihrer Entscheidung getäuscht haben. Sie haben sich vom Glanz der Alu-Felgen blenden lassen und sind den Sprüchen des Verkäufers aufgesessen.

Natürlich werden Sie jetzt reklamieren und Ihr Geld zurückfordern, Sie werden alles Ihnen mögliche unternehmen, um den Wagen wieder loszuwerden. Das Gefühl, getäuscht worden zu sein, bleibt aber. Sie haben sich auf Aussagen einer anderen Person verlassen und deren Worten vertraut, ohne diese zu prüfen. Mit etwas Glück bekommen Sie einen Teil oder die ganzen 4000 Euro wieder zurück. Sicher aber ist, dass dies mit sehr viel Ärger und Aufwand verbunden ist.

Stellen Sie sich nun vor, jemand der Ihnen sehr vertraut, drückt Ihnen 18.000 Euro in die Hand und bittet Sie, für ihn einen Gebrauchtwagen der gehobenen Klasse zu kaufen. Sicherlich werden Sie alles Mögliche unternehmen, um den Wagen auf Herz und Nieren prüfen zu lassen. Sie werden möglicherweise einen Berater in Form einer Autowerkstatt oder Sachverständigen hinzuziehen. Möglicherweise das Fahrzeug beim ADAC überprüfen lassen. Nur um festzustellen, ob der Wagen sein Geld wert ist.

Personalverantwortliche fällen derartige Entscheidungen jeden Tag. Sie wissen, dass Bewerber sich immer von ihrer besten Seite zeigen und ihre blank polierten Felgen blitzen lassen. Bei der Menge an Konkurrenten ist das ja auch keine Frage. Gute Stellen sind rar und Bewerber gibt es wie Gebrauchtwagenangebote zuhauf.

Trifft ein Personalverantwortlicher eine Fehlentscheidung, kostet es bei einem durchschnittlichen Bruttoverdienst von 3.000 Euro in der Probezeit das Unternehmen nach sechs Monaten genau diese 18.000 Euro. Die Kosten für die Einarbeitung durch Kollegen und mögliche Sachkosten nicht eingerechnet. Aber es kommt noch schlimmer, geht man davon aus, dass ein Mitarbeiter noch immer eine durchschnittliche Betriebszugehörigkeit von zehn Jahren im Unternehmen hat, so sprechen wir von einer Fehlinvestition von 500.000 Euro und mehr.

Personalverantwortliche sind ihre eigene Sachverständiger, wenn es darum geht, einen Bewerber zu überprüfen, sie sind darin mindestens genauso kompetent wie der ADAC.

Fordern Sie diese Menschen nicht heraus, indem Sie versuchen, sie zu täuschen, das macht sie nur noch heißer. Es weckt den Killer in ihnen und man wird Ihnen beweisen, dass Sie versucht haben zu täuschen. In der heutigen Zeit zeigen sich natürlich alle Bewerber in den wildesten Farben.

Wie erholsam ist es da, eine Person zu erleben, die einfach natürlich ihre Stärken in der richtigen Dosierung ausspielt? Es geht darum, authentisch zu sein und dies auf eine glaubhafte Art und Weise auch zu demonstrieren. Die richtige Mischung macht es, und wenn diese stimmt, dann ist es perfekt. Wenn erst mal das Gefühl da ist, dass Sie der Richtige sein könnten, ist die Schlacht schon zu 90 Prozent gewonnen. Dies funktioniert aber nur, wenn Sie sich selbst treu bleiben und somit Authentizität ausstrahlen.

Authentizität bedeutet Echtheit im Sinne von „als Original befunden", also einfach so sein, wie man eben ist, das ist nicht schwer und es verschafft einen enormen Vorsprung.

Die Be-Werbung

„Also ich weiß auch nicht", erzählte mir kürzlich eine Bekannte, „jetzt habe ich in den letzten beiden Monaten 96 Bewerbungen versandt und noch keine einzige Einladung erhalten, dieser Standort ist einfach hoffnungslos. Jobs bekommt man hier in der Gegend sowieso nicht mehr. Die wollen einfach nur top ausgebildete und hübsche Assistentinnen, die gerade mal 26 Jahre alt sind und 30 Jahre Berufserfahrung mitbringen." Sprach sie und zog sich beleidigt zurück.

Was für eine Verschwendung an wertvoller Energie! Es ist einfach nicht möglich, in acht Wochen 96 Bewerbungen mit hoher Qualität zu produzieren. Wir haben hier ein sogenanntes Dilemma der klassischen Art vor uns: Auf der einen Seite haben wir eine frustrierte Bewerberin, die sehr viel Energie in die quantitative Produktion von Bewerbungen aufwendet. Das Gießkannenprinzip, welches hier angewendet wird, nervt auf der anderen Seite aber wieder die Personalverantwortlichen und die Chefs. Das hört man oft von deren Seite: „Sind denn heutzutage Bewerber nicht in der Lage, sich mit meinem Unternehmen auseinander zu setzten? Die Dinger klingen doch irgendwie alle gleich!" Wen wundert es da, wenn solche Bewerbungen direkt auf dem Stapel *Absage* landen?

Ist das nicht schrecklich? Jeden Tag setzen sich Tausende Menschen hin, die einen Job suchen, und stöbern im Internet oder in Büchern, die Musteranschreiben enthalten, nach einer geeigneten Vorlage und produzieren Standard. Wir sind wahre Meister im Standardisieren von Bewerbungsanschreiben.

Das ist wie bei Onkel Erwin kurz nach dem Krieg. „Nö Helmut, die Schraube ist noch gut. Da gehst du mal eben noch kurz mit der

Drahtbürste drüber und dann tut die das wieder." Die Drahtbürste ist in unserem Fall die Änderung der Adresszeile im Anschreiben. Hauptsache es klingt gut und der Rest macht sich dann schon von alleine.

Macht er eben nicht!

Was hier passiert, nenne ich aus Personalsicht den sogenannten *Ü-Ei–Effekt*. Sie kennen das: Freudig stehen Sie vor der großen Verkaufspalette und möchten das Ei mit der gerade angesagten Figur herausfinden. Alle Ü-Eier sehen aber gleich aus. Sie beginnen nun das Ü-Ei zu untersuchen und wiegen es fachmännisch. Sie schütteln das Ei und hoffen zu hören, ob sich da nicht die begehrte Figur drin verbirgt. Letztendlich müssen Sie ein Ü-Ei kaufen … und erst wenn Sie die Verpackung entfernt und in die innere Plastikverpackung gesehen haben, wissen Sie, ob Sie richtig lagen oder nicht. Dies geht allerdings nur, wenn Sie das Ei schon gekauft haben, der Vertrag dann schon zustande gekommen ist.

Tja, und jetzt stellen wir uns vor, alle diese Ü-Eier sind die tausend Standardbewerbungen, die täglich versandt werden. Der Personalentscheider schüttelt jeden Bewerber und rüttelt an ihm. Am Ende kann er nur auf sein Gefühl vertrauen, muss sich für einen Bewerber entscheiden und auch hier muss er einen Vertrag schließen. Das ist Ihre Chance: Seien Sie das Überraschungs-Ei mit dem Fähnchen „Hauptgewinn" und sorgen Sie dafür, dass Sie sofort gekauft werden und einen Vertrag bekommen.

Aber was versteht man nun unter einer *guten Bewerbung*? Im Wort Bewerbung steckt ganz klar das Wort Werbung. Also Bewerbung kommt von Werbung. Was macht die Werbung eigentlich? Nun, sie teilt uns in erster Linie mit, dass es ein bestimmtes Produkt oder eine Dienstleistung gibt. Aber damit nicht genug, es wird uns noch gezeigt, welche Vorteile wir durch diese Dienstleistung oder durch dieses Produkt haben. Wir sehen glückliche Menschen und sogenannte Sympathieträger, die auf Geschmacksreise gehen oder einfach nur beim Biss in einen Schokoriegel glücklich und entspannt werden. Werbung ist ständig in Bewegung, immer passiert irgendetwas und neue Trends werden sofort aufgenommen.

Werbestrategen überlegen ständig, wie sie Produkte und Dienstleistungen noch besser an den Mann bzw. an die Frau bringen können. Würden Werbefachleute nur Standard produzieren, wäre ein Bild des Produktes und ein Schild mit dessen Namen ausreichend. Stellen Sie sich vor, Sie würden in den Werbepausen nur eine Abfolge von Bildern sehen. Schlecht fotografiert und ohne Pep, darunter ein Schild mit dem Namen des Produktes oder der Dienstleistung und fertig. Niemand würde in den Werbepausen am Ball bleiben.

Vom armen leidensfähigen Personalentscheider wird dies aber verlangt! Schrecklich, oder? Da sitzt er nun der arme Personalreferent, auch das *Schmiermittel der Wirtschaft* genannt, hat leicht gerötete Augen vom vielen Lesen der Standardbewerbungen und driftet immer wieder ab in eine Welt, in der Menschen hin und wieder eine frische Idee haben, die seinen Tag retten könnte.

Gut, wir nehmen die Herausforderung an und zaubern ihm ein Lächeln ins Gesicht oder lassen seine Augenbraue anerkennend hochschnellen. Aber was macht eine gute Bewerbung jetzt aus? Wie kann es mit einem Satz auf den Punkt gebracht werden?

Allgemein kann man sagen:

Eine Bewerbung ist die optimale Beschreibung Ihrer Kompetenzen, die idealerweise genau den Anforderungen der ausgeschriebenen Stelle entsprechen. Machen Sie es wie die Profis, führen Sie Ihre Bewerbung zum Erfolg und werden Sie sich bewusst, was es heißt, eine *Be-Werbung* zu verfassen.

Die persönliche Inventur

Bevor Sie sich jedoch hinsetzen und mit dem Schreiben beginnen, müssen Sie sich zuerst im Klaren sein, was Sie können und was Ihre Person ausmacht. Das mag jetzt recht banal klingen und Sie mögen vielleicht jetzt denken: „Naja ich bin halt Buchhalterin" oder „Ich bin eben ein Sachbearbeiter". Ja, das stimmt, nur zeigt es noch immer nicht, was Ihre Person ausmacht, wo Ihre Stärken liegen oder was Sie wirklich gerne tun. Sie haben lediglich eine Berufsbezeichnung genannt. Es ist wichtig zu erklären, dass Sie der oder die Richtige sind. Dabei sollten Sie so natürlich wie möglich bleiben, sonst nimmt man Ihnen das nicht ab. Aber wie in der Werbung ist es ganz normal, sich ins rechte Licht zu rücken. Schließlich haben wir es mit vielen Konkurrenten zu tun und die haben auch einiges zu bieten.

Wir beginnen mit einer Inventur Ihres Arbeitslebens.

Sie müssen diese Inventur nur ein einziges Mal machen. Dafür sollten Sie sie aber sehr genau durchführen und das Inventurblatt immer wieder ergänzen, wenn Ihnen noch Themen dazu einfallen. In die linke Spalte tragen Sie den Beruf ein. In die Spalte _Konkretisierung_ tragen Sie nun alle Tätigkeiten ein, die Sie derzeit in Ihrem

Job durchführen oder durchgeführt haben. Am besten Sie gehen dabei einen Arbeitstag im Kopf durch. Schreiben Sie alle Tätigkeiten auf, die Ihnen einfallen, auch wenn sie Ihnen erst mal als überflüssig oder als nicht erwähnenswert vorkommen. Aufgeräumt wird später.

Nachdem Sie alle Tätigkeiten eingetragen haben, beginnt der wichtige Teil der Inventur, das Zusammenfassen der Einzeltätigkeiten zu übergeordnete Themen. Dazu sortieren Sie die Tätigkeiten nach Themen, die Ihnen als übergeordnet erscheinen. Das ist nicht immer ganz einfach, aber glauben Sie mir, der Aufwand lohnt sich in jedem Fall. Sie werden überrascht sein, wie vielseitig die Inventurliste einsetzbar ist.

Das sieht dann z. B. so aus: Tabelle 1 / Tabelle 2

Meine Beruf	Übergeordnete Tätigkeit	Konkretisierung	Bewertung			
			1	2	3	4

Tabelle 1 (Kopiervorlage auf S. 229)

Diese Art der Herangehensweise bietet enorm viele Vorteile. Auf der einen Seite haben Sie nun einen Überblick, welche Aufgabengebiete Sie tatsächlich betreuen. Das sind meist mehr, als man sich für gewöhnlich vorstellt. Ohne diese Inventur wird Ihnen das nie in dieser Form bewusst werden.

Tabelle 2

Meine Beruf

Bürokauffrau

Beispiel

Übergeordnete Tätigkeit	Konkretisierung	1	2	3	4
Auftrags- und Rechnungsbearbeitung	Zahlungs- und Liefertermine überwachen	x			
	Aufträge entgegennehmen und bearbeiten			x	
	Zahlungen veranlassen und vorher prüfen			x	
	Verwaltungstechnischen Schriftverkehr erledigen bei Zahlungsaufschub (Info an Inkasso)			x	
Allgemeine Bürowirtschaft und Organisation	Schriftverkehr nach außen abwickeln, zum Beispiel mit Auftraggebern, Kunden, Lieferanten und Behörden.				x
	Dienst- und Organisationspläne erstellen – Schichtpläne abstimmen und aushängen				x
	Schriftsätze aller Art, Berichte – Protokolle für meinen Chef schreiben				x
	Führung der Zeitwirtschaft von über 50 Kollegen weiterleiten der Daten für die Abrechnung				x
Controllingaufgaben	Erstellen von Aufstellungen, Statistiken und Diagramme für meinen Abteilungsleiter	x			
	Zwischenbilanzen anfertigen alle 2 Wochen			x	
	Pflege der Abrechnungssysteme in den Internetportalen der Lieferanten (Terminaufgaben)			x	
Reklamationsbearbeitung	Beschwerdeanrufe unserer Kunden entgegennehmen und weiterleiten ggf. bearbeiten	x			
	Beschwerdemails die über die Firmenhomepage hereinkommen beantworten				x
	Zusendung der Gutscheine an unsere Kunden				x

Erst die Einzeltätigkeiten, dann zusammenfassen

Hätten wir die Bürokauffrau vor der Inventur gefragt, was sie eigentlich täglich macht, sie hätte wahrscheinlich gesagt: „Hmm, grübel, lassen Sie mich überlegen, also ... ähm ... ich schreib halt Briefe und telefoniere, ach ja, und mit Excel mach ich auch was".

Nach der Inventur kann sie mit kurzen Sätzen kompetent antworten. Nicht nur das, sie kennt durch die Bewertung nun auch die Gewichtung ihrer Tätigkeiten.

Die Gewichtung der Tätigkeiten ist ein wichtiger Punkt. Es sind Hinweise auf Stärken, die Sie haben, denn wenn Sie etwas hoch gewichten, ist es in der Regel etwas, was Sie bestimmt auch gerne tun.

Ihnen ist sicher aufgefallen, dass die Inventurliste ein Tool ist, welches sich vielseitig einsetzen lässt. Es ist tatsächlich so wie bei einem größenverstellbaren Schraubenschlüssel. Zum einen können Sie mit der Inventurliste nun eine Stellenanzeige abgleichen. Denn die Beschreibung der übergeordneten Tätigkeiten sind in der Stellenanzeige die Aufgaben, die es zu erfüllen gilt. Des Weiteren können Teile der Inventurliste auch für das Anschreiben verwendet werden und es sind die Einstiegsthemen beim Vorstellungsgespräch auf die Frage: „Was haben Sie bisher gemacht?" Sie werden immer wieder auf die Inventurliste zurückgreifen. Ist das nicht genial? Sie haben nun ein Tool, um ...

Aufgaben einer Stellenanzeige mit Tätigkeiten abzugleichen.
ein Anschreiben zu erstellen.
ein Vorstellungsgespräch vorzubereiten.

Pflegen Sie Ihre Inventurliste, wir werden im Verlauf dieses Buches immer wieder darauf zurückkommen.

Stellenanzeigen

Betrachten wir eine Stellenanzeige, so ist sie fast immer in drei Themen aufgeteilt:

Wer sind wir und wen suchen wir?
Welche Aufgaben müssen erfüllt werden (siehe Inventurliste)?
Welches Profil wird gesucht?

Gehen wir mal davon aus, dass Sie eine interessante Anzeige gefunden haben. Das Unternehmen spricht Sie an, der Job klingt toll und von den Aufgaben haben Sie anhand der Inventurliste festgestellt, dass Sie hier punkten können. Fehlt nur noch der Abgleich mit dem Profil und das ist wirklich ein wichtiges Kriterium. Es geht um Ihre Ausbildung, Ihre Erfahrung und es geht darum, welche Eigenschaften gesucht werden. Gut, an der Ausbildung ist kurzfristig nicht viel zu ändern und Erfahrung ist bekanntlich immer eine Zeitfrage. Worüber wir uns aber Gedanken machen dürfen, ist: „Welche Eigenschaften bzw. Soft Skills habe ich eigentlich?"

Laut einer Umfrage des Statistikportals statista (www.statista.com) ist der Begriff, der von Personalern am häufigsten in einer Bewerbung gesucht wird: *Teamfähigkeit* (46 %), dicht gefolgt von *Kommunikationsfähigkeit* (44 %) und das *Lösen von Problemen – analytisch denken"* (31 %). Wir können daraus den Schluss ziehen, dass diese Schlüsselqualifikationen auch am häufigsten in einer Stellenanzeige auftauchen. Grund genug, sich mit diesen und noch einigen anderen Schlüsselqualifikationen eingehender zu beschäftigen, denn eines ist ja wohl klar, so ein Personaler feuert die Dinger in Massen raus. Er sucht den oder die Beste zur Erledigung der anfallenden Aufgaben. Er hat ein Problem und will es nur vom Besten gelöst bekommen – streng nach dem Motto „Wünsch dir was". Aber sind wir nicht auch so? Haben Sie sich nicht auch schon einmal im Supermarkt dabei ertappt, wie Sie vor dem Kühlregal Ihren Lieblingsquark mit einem etwas höheren Verfalldatum aus der hinteren Ecke ziehen? Sie wollen den Quark morgen essen und bei der Entscheidung: „Verfallsdatum nächste Woche oder übernächste Woche" weiß ich, wo Sie zugreifen werden. Klar, der Quark mit dem höheren Verfallsdatum ist nicht besser, schmeckt auch nicht vollmundiger, aber er ist halt frischer.

Oft werden Ihnen bei der Stellensuche Anzeigen unterkommen, die ähnliche Inhalte aufweisen wie diese hier:

Die XYZ mit Sitz in Berlin ist mit 84.000 Mitarbeitern das größte Unternehmen der XYZ-Gruppe und einer der führenden internationalen Anbieter ganzheitlicher Stanzlösungen. Eine Marke von Weltruf, die Maßstäbe setzt in Zuverlässigkeit und Innovation. Unsere Stanzen, Bohrer, Motoren und Dienstleistungen bewegen den Fortschritt. Als global agierendes Unternehmen bieten wir unseren Mitarbeiterinnen und Mitarbeitern eine Kultur der Dynamik und Offenheit, die Perspektiven aufzeigt, Chancen eröffnet. Wir suchen eine offene und bodenständige Persönlichkeit, die sich als zukünftige Führungskraft in einem internationalen Unternehmen sieht. Sie legen Wert auf Integrität und Teamarbeit, sind hoch engagiert und haben Mut zur Veränderung?

Legen Sie nun das Fundament für Ihre Karriere als

Vertriebsleiter/in

Sie starten Ihr unbefristetes Arbeitsverhältnis nach einer intensiven Einarbeitung in unserem Trainingszentrum auf den Bahamas. Neben einer attraktiven, leistungsbezogenen Vergütung bieten wir Ihnen einen Firmenwagen mit privater Nutzung, eine betriebliche Altersvorsorge und vielfältige nationale und internationale Entwicklungsmöglichkeiten.

Ihre Verantwortung

Eigenverantwortliches strategisches und operatives Management des eigenen Verkaufsgebietes im Außendienst. Lösungsbezogene Beratung Ihrer Geschäftspartner über die gesamte XYZ-Produktpalette. Systematische Markt- und Kundenbearbeitung gemäß der Vertriebs- und Marketingstrategie. Ausbau und Pflege der bestehenden Kundenbeziehungen, Angebotserstellung, Vertragsverhandlungen und Projektmanagement.

Ihr Profil

- Abgeschlossenes Studium der BWL, des Maschinen- oder Wirtschaftsingenieurwesens oder ähnlicher Studiengang mit überdurchschnittlichen Ergebnissen, idealerweise erste praktische Erfahrungen im Vertrieb, Marketing oder technischen Bereich
- Wunsch nach einer bereichs- oder länderübergreifenden Weiterentwicklung innerhalb der XYZ Gruppe
- Technisches Verständnis und Begeisterung für Premium-Produkte
- Zielstrebigkeit, schnelle Auffassungsgabe und ausgeprägte Kommunikationsfähigkeit in Deutsch und Englisch

Wow, was für ein Hammer-Unternehmen, das erste Drittel der Anzeige hat mit Sicherheit der Marketingleiter höchstpersönlich komponiert und dabei alle Register gezogen. Bei den Anforderungen hat man aus dem Vollen geschöpft, wir wollen nur den oder die Beste.

Tschüss Bewerber, hallo eierlegende Wollmichsau!

Stellen Sie sich nun Folgendes vor:

Einhundert potenzielle Kandidaten sehen die Anzeige. Knapp die Hälfte wird sich gar nicht erst bewerben, die Anforderungen sind einfach zu hoch. Die andere Hälfte bewirbt sich, geht durch das Auswahlverfahren und der Beste bekommt den Job. Es ist der Bewerber, der dieser Anforderung am nächsten kommt. Hoch motiviert tritt er an, die abenteuerlich abwechslungsreichen Aufgaben mit vollem Einsatz zu lösen.

Bis er dann feststellen muss, dass auch bei diesem Posten ein hohes Maß an Routinetätigkeiten zu erledigen ist, der Vorgesetzte Zielvereinbarungen festlegt, die keiner erfüllen kann, und das einzig Internationale mal eben eine Mail aus England ist. Nach einem halben Jahr hat er dann genug und verlässt frustriert das Unternehmen. Vielleicht wäre unter den anderen fünfzig Personen, die sich nicht beworben haben, der passende Kandidat dabei gewesen?

Egal wie hochgestochen eine Stellenausschreibung klingt, bewerben Sie sich darauf, denn diese Anzeigen sind zu einem Großteil auch Werbung. In den seltensten Fällen werden Sie eine Anzeige finden, die mit Ihrem Profil genau übereinstimmt. Haben Sie deshalb Mut und zeigen Sie, dass Sie zu einem Großteil die Anforderungen erfüllen. Oft kann bei einer Stellenausschreibung zwischen den Zeilen herausgelesen werden, was zwingend notwendig ist und was nicht unbedingt erforderlich ist.

Voraussetzungen, die notwendig sind, werden oft so formuliert:

Erfahrungen im Einkauf von … sind unabdingbar.
Sie verfügen über Kenntnisse in …
Sie haben bereits Berufserfahrung von nicht unter …

Voraussetzungen, die sinnvoll sind, sind so formuliert:

Als unser Idealkandidat verfügen Sie über …
Idealerweise haben Sie Erfahrung in …
Kenntnisse in … sind wünschenswert

Leider bekommt man nur sehr selten Stellenanzeigen zu sehen, die auf eine sehr direkte Art und Weise dem Bewerber mitteilen, was ihn erwartet und was man von ihm verlangt. Vor einiger Zeit hat der Trainer und Berater Matthias Pöhm (www.poehm.de) eine Stellenausschreibung, die genau das verkörpert hat, veröffentlicht. Die will ich Ihnen auf keinen Fall vorenthalten:

Geschäftsführer gesucht

Ich sitze auf einer Schatzkiste, über der nur eine 5 cm dicke Erdschicht ist. Man muss nur die Erdschicht wegwischen und der Schatz kann gehoben werden. Seit 11 Jahren warten wir, bis das Telefon klingelt. Und es klingelt laufend. Ich suche jetzt einen „Macher", der auch aktiv nach draußen geht und meine rechte Hand wird.

Ich habe dich beim Universum bestellt!

Du musst zu mir passen: Du solltest ein Freidenker sein, der auch spirituelles Gedankengut in sich trägt. Wer denkt, es geht nur darum, Gewinne nach oben zu bringen, der ist woanders besser aufgehoben. Trotzdem werden die Gewinne dank dir durch die Decke rasen. Krawattentypen werden's ebenfalls schwer haben.

Ich quelle über vor Ideen und suche einen Umsetzer. Der Geschäftsführer setzt eigenständig meine Ideen um, hat die Geschäftszahlen im Griff, ist Umsetzer, aber auch Ideengeber für weitere Quantensprünge.
Du bist strukturiert denkend. (Denn ich bin's nur teilweise.)

Du bist stark im Aufbauen und Halten von Kontakten zu Leuten aus der Branche. (Netzwerktyp)
Du bekommst Ziele und kannst eigenständig diese Ziele umsetzen.
Du bist einfallsreich und über den Tellerrand denkend.
Wenn du über 30 bist, dann solltest du bereits ein erfahrener Geschäftsführer sein.
Wenn du zwischen 22 und 30 bist, solltest du ein Mensch mit Punch sein. Du sollst dich bereits jetzt schon als zukünftiger Top-Manager eines Top-Trainers sehen. Hier bei meinem Schiff kann der Turbo eingelegt werden. Du bekommst die Chance deines Lebens. Du wirst dann Stück für Stück von mir an diese Aufgabe herangeführt.
Zeugnisse schau ich mir nicht an. Ich will den absoluten Spitzenmann im Kopf, nicht auf dem Papier! (Lebenslauf + Foto genügen)

Einsatzort ist Bonstetten, 15 Km von Zürich.
Bewerbungen bitte an geschaeftsfuehrer@poehm.com
Pöhm Seminarfactory
Alte Stationsstrasse 6
CH- 8906 Bonstetten
Tel.: ++41 (0)44 777 98 41
Fax.: ++41 (0)44 777 98 42
e-mail poehm@poehm.com
www.poehm.com

Es gibt verschiedene Wege für ein Unternehmen, um Stellenanzeigen zu schalten:

Regionale und überregionale Tageszeitungen
Jobportale im Internet
Firmenhomepage

Gerade bei großen Unternehmen ist die Firmenhomepage nicht zu unterschätzen. Hier finden sich sehr oft aktuelle und interessante Positionen, die es zu besetzen gilt. Der große Vorteil liegt hier auf beiden Seiten: Die Kosten für das Unternehmen, im Vergleich zu einer Zeitungsanzeige, sind sehr gering und durch die Aktualität ist die Bewerberauswahl noch nicht so hoch. Es lohnt sich also, die Webseiten von Firmen in der Region in regelmäßigen Abständen zu checken. Meist heißen die Menüpunkte Karriere oder Jobbörse. Sie müssen nun aber nicht erst auf den Webseiten der Unternehmen mühsam nach den teilweise sehr versteckten Buttons suchen. Dank Google geht das viel einfacher und wesentlich effizienter. Geben Sie einfach in das Suchfeld von Google den Firmennamen und das Wort Karriere oder Jobbörse ein. Sie werden sofort auf den Bereich mit den Jobangeboten geleitet.

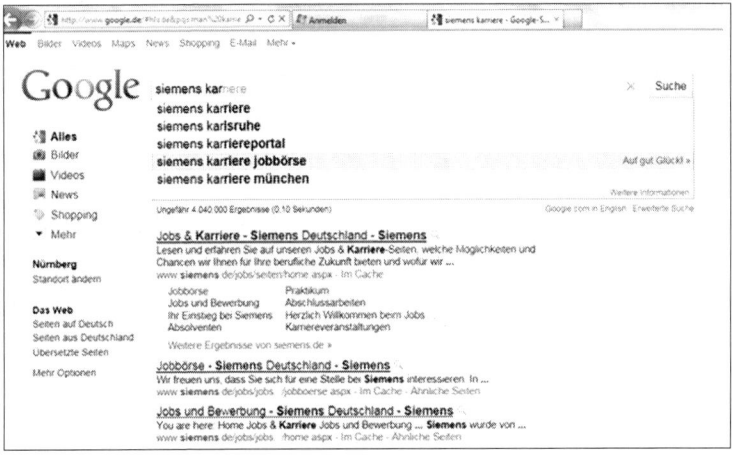

Bookmarken Sie anschließend den Link und kommen Sie immer mal wieder vorbei, um nach dem Rechten zu sehen. Sie haben so einen kleinen Park mit Ihren Lieblingsunternehmen, durch den Sie immer mal wieder schlendern können, um sich nach neuen Angeboten umzusehen.

Sehr oft bieten große Unternehmen auch die Möglichkeit, sich in deren Portalen online zu bewerben oder registrieren zu lassen.

Ich finde, dass dies eine äußerst praktische und vernünftige Art im Zeitalter von Computern und Internet ist. Registrieren Sie sich, tragen Sie Ihre relevanten Daten ein oder füllen Sie das Formular für eine Bewerbung gleich aus. Bedenken Sie dabei, dass auch hier die Form einer Bewerbung gewahrt werden muss. Dass Sie sich in einem Portal bewerben, macht da keinen Unterschied. Das Unternehmen speichert die Daten und kommt gegebenenfalls wieder auf Sie zurück.

Bei dieser Gelegenheit möchte ich noch einen bescheidenen Hinweis an alle Personalverantwortlichen sowie sowie die IT-Abteilungen, die gemeinsam solche Online-Registrierungsdatenbanken entwerfen und ins Netz stellen, richten.

Ich kann verstehen, wie schwer es bei der ganzen Bewerberflut sein muss, den Überblick zu behalten. Aber bitte bedenken Sie auch, dass dieses nicht in einer Komplexität enden darf, die niemand mehr bewältigen kann. Ich war kürzlich auf einem Bewerbungsportal eines mittelständischen Unternehmens und wagte das Vorhaben, mich dort zu registrieren.

Ich fand ein Portal vor, das mich drohend mit einer unbegrenzten Anzahl an Untermenüs empfing. „Okay, kein Problem", sagte ich mir und begann mit der Eingabe. Um es kurz zu machen, ich habe über eine Stunde dafür gebraucht. Immer wieder ging mir dabei der Gedanke durch den Kopf: „Es ist erst vorbei, wenn die dicke Frau gesungen hat."

Als ich bei der Eingabe meiner Daten zu den verschiedenen Stationen meines Lebenslaufes den genauen Tag eingeben musste und zu jeder einzelnen Position noch eine Begründung verlangt wurde, warum ich wohl so entschieden hatte, war ich kurz vorm Oxidieren. Als ich gerade dabei war, den *Absende-Button* zu drücken, wurde noch verlangt, dass ich meine kompletten Unterlagen – also Anschreiben, Lebenslauf und Zeugnisse – hochlade. Aber bitte nicht größer als zwei MB.

Was mich zu der Frage führte:

Gab es die Online-Formulare bei der IT-Firma im Angebot? Waren da gerade Formularwochen und es gab 20 Prozent auf alles, außer auf Tiernahrung? Kann es vielleicht auch sein, dass man überhaupt keine Bewerber wünscht? Nennen die Kollegen des Unternehmens dieses Portal heimlich ihr *Bewerber-Abwehrtorpedo* und lachen sich heimlich schief, während sie die hereinkommende Datenflut löschen, weil sonst wieder der Server überläuft?

Aber Spaß beiseite, liebe Personaler, so findet ihr vielleicht noch einen lethargischen Buchhalter. Die wahren Talente für eure Positionen ziehen heiter weiter.

Jobportale

Ein sehr großer Bereich sind natürlich die aktuellen Stellenportale der verschiedenen Anbieter. Das Angebot ist nicht mehr überschaubar und es kommen täglich neue Portale hinzu. Ich will Ihnen deshalb nur eine Liste der für mich wichtigsten Portale aufzeigen:

arbeitsagentur.de – Seiten der Bundesagentur für Arbeit.

rekruter.de – Die Job- und Personalbörse: Jobsuche in der Bundesagentur für Arbeit.

Beides sind Webseiten der Bundesagentur für Arbeit und eben die Klassiker unter den Jobbörsen. Sie sind die erste Anlaufstelle. Oft hört man von Bewerbern, die eine Absage bekommen haben, weil die Stelle soeben besetzt wurde. Ein paar Tage später taucht das Stellenangebot dann wieder in den attraktiven Jobbörsen auf. Ich unterstelle natürlich niemanden etwas. Aber könnte es sich da manchmal nicht auch einfach nur um etwas Werbung handeln? Bei der Agentur für Arbeit stehen die Berater mit dem Unternehmen in Kontakt und die Gefahr ist hier eben nicht so groß.

kimeta.de
JOBkralle.de

sind META-Suchmaschinen, diese Suchmaschinen durchsuchen alle anderen Jobportale und geben das Ergebnis auf einer Seite aus. Sie bieten für die Jobsuche einen umfassenden Überblick über den gesamten deutschen Online-Stellenmarkt.

Weitere wichtige Jobportale:

jobscout24.de – Deutschlands führendes Karriereportal, Jobsuche, Tausende Stellenangebote.

jobpilot.de – Jobs und Stellenangebote, Tipps für Bewerbung, Lebenslauf und Jobsuche.

jobware.de – Jobs, Stellenangebote, Stellenanzeigen, Praktika, Lehrstellen, Jobsuche.

jobrobot.de – Ihre Job-Suchmaschine mit aktuellen Jobs aus über 100 Job-Sites.

monster.de – „Ihre Karriere ist unser Job." Stellenmarkt, Karrieremanagement.

berufsstart.de – Der Stellenmarkt und Karriereplaner für Absolventen und Studenten.

www.heise.de/jobs – aktueller EDV-Stellenmarkt.

itjobboard.de – Ein Online-Stellenmarkt spezialisiert auf IT-Jobs in Deutschland.

jobonline.de – Job Online, Stellenanzeigen, Stellenangebote durchsuchen.

jobworld.de – mit Stellenanzeigen von Jobbörsen, Zeitungen und Stellenmärkten.

job24.de – Der Internet-Stellenmarkt für qualifizierte Fach- und Führungskräfte, Berufseinsteiger und Absolventen.

Prüfen Sie deshalb die Stellenanzeige genau:

Fragen Sie sich, ob das Unternehmen zu Ihnen passt und warum Sie sich von der Stellenanzeige angesprochen fühlen. Die Stellenanzeige von Matthias Pöhm spricht sicherlich nicht jeden an. Schon die *Du-Form* kann einige Bewerber abschrecken, andere wiederum zieht sie geradezu magisch an.

Welche Erwartungshaltung vermittelt Ihnen die Stellenanzeige? Wird der Macher und ehrgeizig aufstrebende Typ verlangt oder sucht man mehr einen beständigen Bewahrer? Wie passt die Formulierung zu Ihrer Persönlichkeit? Weckt das Lesen des Textes in

Ihnen ein Kribbeln in der Bauchgegend, spüren Sie etwa schon eine leichte Aufbruchstimmung?

Welches Image wird durch die Anzeige vermittelt? Ist es mehr das Image der seriösen Versicherungsagentur? Oder ist es ein junges IT- Startup Unternehmen, welches Programmierer sucht, die früh um drei noch bei einer Pizza Schinken, Käse und Ei einen Software Bug suchen? Ist es ein Unternehmen, in dem Sie gerne arbeiten möchten?

Liegt der Kompetenz- und Verantwortungsbereich im Bereich Ihrer Wünsche? Hier gilt es genau zu überlegen. Immer wieder erlebe ich es, wie gute Mitarbeiter mit überdurchschnittlichen Leistungen innerbetrieblich in Führungspositionen gehoben werden. Viele werden dorthin befördert, ohne es zu wollen. Oft scheitert dieses Vorhaben daran, dass diese Personen nicht mit der Verantwortung oder der Führung von Menschen klarkommen.

Sind in der Stellenanzeige Aufgaben dabei, die Sie schon immer gereizt haben? Das sind dann natürlich beste Voraussetzungen, die Sie mitbringen.

Welche Ihrer Qualifikationen und Erfahrungen können Sie einbringen? Sie haben schon sehr viel Erfahrung in der Szene oder haben ein breites Netzwerk? Gut – tragen Sie diese Erfahrungen in Ihre Inventurliste ein und überlegen Sie sich, welchen Vorteil Sie Ihrem künftigen Arbeitgeber damit bieten können. Dazu im Abschnitt *Stellenportfolio* mehr.

Worthülsen

Schlüsselqualifikationen ohne Inhalt nennt man *Worthülsen.* Einfach deshalb, weil es leere Worte sind, die einfach nur toll klingen. Damit diese Soft Skills ihre wahre Kraft entfalten können, müssen sie mit entsprechendem Pulver und passenden Patronen gefüllt werden. Nur gut hinterlegte Schlüsselqualifikationen zeigen Wirkung.

Stellen Sie sich bitte einmal folgende Situation vor. Sie haben sich beworben und werden zu einem Vorstellungsgespräch geladen. Alles ist bisher gut verlaufen, kein Stau, Sie sind pünktlich und der Empfang war auch ganz nett. Der bzw. die Personalverantwortliche liest sich Ihre Unterlagen durch und hebt schließlich langsam den Kopf. Kritisch blickt sie/er Ihnen in die Augen und spricht folgende schwerwiegende Sätze: „Sie haben hier geschrieben, dass Sie teamfähig sind. Können Sie mir dazu ein Beispiel nennen, damit ich mir ein Bild davon machen kann?"

Erwischt!

Mühsam kramen Sie in Ihren Erinnerungen, versuchen verzweifelt etwas zu finden, während Ihr Gegenüber langsam die Rauchfahne vom Lauf seines imaginären Colts pustet, mit der sie/er Sie gerade angeschossen hat. Wer hier nicht sofort ein Beispiel aus dem Hut zaubert und dies kurz und knapp schildert, der hat sich mit den Begriffen nicht richtig auseinandergesetzt und lässt die angeschossene Schulter hängen. Ab jetzt wird es eng und damit ist ganz bestimmt nicht die engere Wahl des möglichen Auserwählten gemeint.

Im Grunde genommen kann man Personalentscheider getrost mit ZahnärztInnen oder MitarbeiterInnen auf einer Erdölplattform vergleichen. Sie bohren so lange, bis sie fündig werden. Das ist schließlich Teil ihres Jobs.

Aber sind wir mal ehrlich, wer behauptet nicht gerne von sich, dass er einige dieser sozialen Kompetenzen in sich trägt: Selbstdisziplin, Selbstwertgefühl, Kritikfähigkeit, Teamfähigkeit, Konfliktfähigkeit, Kommunikationsfähigkeit, Belastbarkeit usw. ...

Es gibt Bewerber, die fantasiereich Begriffe wie „fremdsprachenfreundlich" oder „lernflexibel" erfinden. Auf dem ersten Platz meiner Hitliste ist derzeit unumstritten „multitaskingfähig".

Ein Ausritt in die Welt der Worthülsen kann leicht dazu führen, dass man sich ordentlich vergaloppiert und auf den Weg zurück in die Wüste geschickt wird.

Was im Anschreiben supertoll klingt, kann später zu einer Stolperfalle werden, die einen ganz schön ins Schlingern bringen kann. Die Verwendung solcher Phrasen dient dazu, Ihren Gesprächspartnern einen schönen Aufhänger zu bieten. Es ist völlig okay, diese Wörter zu verwenden, nur sollten sie nicht einfach so, weil sie toll klingen, hingeschrieben werden.

Die Schokolade einer ganz bestimmten Marke macht ja auch nicht schlank, nur weil das Wort *Sport* im Namen vorkommt. Worthülsen sind also nichts anderes als Eigenschaften ohne ein Beispiel aus Ihrem Arbeitsleben. Es empfiehlt sich deshalb immer, sich mit diesen Begriffen zu beschäftigen. Wo in meinem Arbeitsleben habe ich mich bisher als teamfähig erwiesen? Wie wichtig ist es, bei meiner Tätigkeit diese Soft Skills zu beherrschen?

Achten Sie darauf, immer ein Beispiel eventuell gleich im Anschreiben zum jeweiligen Begriff mitzuliefern. Ein Beispiel aus Ihrer jetzigen Tätigkeit, ein Projekt oder ein Aufgabengebiet, zu dem diese Eigenschaft passt. Vergessen Sie aber dabei nicht, authentisch zu bleiben und übertreiben Sie nicht. Viele Bewerber provozieren mit übertriebenen *Ich bin-Aussagen* derart, dass der sportliche Ehrgeiz des Personalentscheiders geweckt wird. Er wird dann alles daran setzen, Ihnen zu beweisen, dass Sie maßlos übertrieben haben.

Das Ergebnis könnte dann beim Interview so aussehen:

Personalentscheider: „Sie waren dort also für die komplette Entwicklung, Fertigung und die Kundenkontakte zuständig?"

Bewerber: „Ja ein riesen Ding, bin kaum aus den Laden gekommen, Überstunden ohne Ende. Die Verantwortung war immens und der Druck gigantisch. Ich habe alles gemanagt und war der zentrale Ansprechpartner für alles."

Personalentscheider: „Sie sind dort also der Chef, wenn ich das richtig sehe? Warum wollen Sie dann überhaupt wechseln?"

Bewerber: „Nein, nein ähh also ... mit den Kunden hat immer nur mein Vorgesetzter gesprochen, er hat mich aber immer gefragt, was er dem Kunden sagen soll."

Personalentscheider: „Verstehe ich Sie da richtig? Sie haben einen Vorgesetzten, der nicht weiß, wie er sich gegenüber Kunden verhalten soll?"

Bewerber: „Naja ähh (kleinlaut) eigentlich will er halt immer wissen, wie viele Teile wir am Tag vorher versandt haben. Ich bin ja eigentlich mehr im Warenausgang beschäftigt, wo die Pläne der Entwicklung und die Teile aus der Fertigung versandt werden."

Peinlich, oder?

Ihre Bewerbung sollte auf jeden Fall stimmig sein, dazu gehört auch, dass Sie Ihre Unterlagen in ihrer Gesamtheit auf Schlüssigkeit überprüfen.

Ein Beispiel:

Personalentscheider: „Sie haben hier geschrieben, dass Sie teamfähig sind. Können Sie mir hierzu ein Beispiel nennen, damit ich mir ein Bild davon machen kann?"

Bewerber: „Sehr gerne, also sehen Sie, da haben wir kürzlich einen Auftrag von einem Großkunden bekommen. So ein zusätzliches Volumen war in der normalen Arbeitszeit, gerade im Logistikbereich, nicht zu schaffen. So sind wir alle von den Abteilungen runter ins Lager und haben ausgeholfen. Das war sehr interessant, die Leute dort zeigten uns die Tätigkeiten und wir haben das gemeinsam mit ihnen innerhalb der vorgegebenen Zeit erledigt. Für mich war es eine Bereicherung, auch andere Abteilungen und deren Probleme kennenzulernen. Wir waren am Schluss ganz stolz, es schließlich gemeinsam geschafft zu haben."

1

Schlüsselqualifikationen

Damit Sie sich nun bei den sogenannten *Soft Skills* selbst am besten einschätzen können, sind die Begriffe im Folgenden sehr ausführlich und mit Beispielen erklärt. Versetzen Sie sich in die jeweiligen Situationen und überlegen, ob Sie sich darin wiederfinden.

Teamfähigkeit:

Fragen Sie zehn Kollegen, was Teamfähigkeit bedeutet, Sie werden zehn unterschiedliche Antworten bekommen. Das Verrückte dabei ist, alle zehn haben irgendwie recht. Jeder sucht sich irgendwie einen Teilbereich aus und glaubt, somit den Begriff erschöpfend beschrieben zu haben.

Teamfähige Menschen erkennen ihre Rolle im Team und halten sich an die damit geknüpften Erwartungen. So kann es sein, dass man sich auch unterordnen muss, um das gemeinsame Ziel zu erreichen. Wenn ein IT-Mitarbeiter bestimmte Prozesse DV-technisch umsetzen muss, kann es durchaus vorkommen, dass der Leiter der Buchhaltung sich innerhalb des Teams dem IT-Mitarbeiter unterordnet und die relevanten Anforderungen zeitnah und entsprechend der Vorgabe abliefert. Dabei können eigene Ideen entwickelt werden, die aber immer im Fokus des Gesamtzieles des Teams sind. Des Weiteren sind diese Menschen fair im Umgang miteinander und pflegen ein vertrauensvolles Verhältnis. Das heißt, niemand klaut dem anderen die Ideen oder schmückt sich in irgendeiner Art mit fremden Federn. Das Gesamtziel verliert man dabei nie aus den Augen und sieht auch die Notwendigkeit, wenn andere Hilfe benötigen.

Kommunikationsfähigkeit:

Streng genommen handelt es sich hierbei um den wechselseitigen Austausch von Informationen in Form von Gedanken, Wort, Schrift oder Bild. Ein gutes Kommunikationsverhalten zeichnet sich in erster Linie dadurch aus, dass sich der Sender einer Information dafür verantwortlich zeichnet, wie seine Aussagen vom Empfänger aufgenommen werden. Es ist die Kunst der wechselseitigen Balance von Zuhören und Reden, welche einen guten Kommunikationsstil ausmacht. Oft werden Aussagen aber auch falsch verstanden und es kommt zu Missverständnissen.

Friedemann Schulz von Thun beschreibt in seinen Büchern *Miteinander reden Teil 1 bis 3* das sogenannte Kommunikationsmodell. Demnach hören wir mit vier Ohren und sprechen mit vier Mündern. Es wird dabei unterschieden in:

Sachohr/Schnabel
Beziehungsohr/Schnabel
Apellohr/Schnabel
Selbstaussageohr/Schnabel

Ein Beispiel:

Ein Ehepaar ist mit dem Auto unterwegs. Sie fährt, er ist Beifahrer. An einer Ampel kommt das Fahrzeug zum Stehen. Eine Weile stehen beide schweigend vor der roten Ampel. Plötzlich schaltet die Ampel auf Grün. Er sagt: „Du, es ist grün." Sie hört nun mit einem ihrer 4 Ohren Folgendes:

Sachohr: „Es ist grün."
Apellohr: „Fahr los."
Selbstaussagesohr: „Ich habe es eilig."
Beziehungsohr: „Du kannst nicht Auto fahren."

Je nachdem, mit welchem Ohr die Frau die Nachricht aufnimmt, ist der Rest der Fahrt angenehm oder von leichten Turbulenzen geprägt. Meint der Sender etwas völlig anderes, als der Empfänger versteht, sprechen wir von einer *kommunikativen Störung*. Sie können Ihr Kommunikationsverhalten selbst testen, indem Sie überprüfen, zu welchem Kommunikationsstil Sie neigen.

Analytische Vorgehensweise:

Unter der analytischen Vorgehensweise versteht man das systematische Lösen von Problemen. Dies wird in fast allen Berufen verlangt und hat einen hohen Stellenwert. Menschen mit dieser Fähigkeit sind in der Lage, Situationen schnell zu erfassen und schnell darauf zu reagieren. Dies erfolgt in drei Schritten:

1. Alle Aspekte des Themas werden erfasst.
2. Priorisierung der Informationen (Zusammenfassung von Themen, Einteilung in wichtig und unwichtig).
3. Vernetzung bzw. in Beziehung setzen der Teilaspekte – es entsteht eine umsetzbare Vorgehensweise.

Ein Beispiel:

Sie kommen gerade von einer Geschäftsreise aus Asien zurück, gehen an Ihren Schreibtisch und entdecken folgende Nachricht Ihrer Assistentin:

Ich muss leider zum Arzt, es geht mir nicht gut. Leider kann ich Ihnen nicht sagen, ob ich morgen zur Arbeit kommen kann. Anbei die offenen Punkte, die sich während Ihrer Abwesenheit angesammelt haben. Leider konnte ich nicht mehr alles erledigen, aber Sie schaffen das schon.
Liebe Grüße

Offene Punkte:
Der Vorstand braucht Ihren Monatsbericht bis 13:00 h
(Sie sehen auf die Uhr, es ist bereits 10:15 h)

Ihr PC scheint nicht mehr zu funktionieren. Als ich Ihren Terminplan pflegen wollte, startete er nicht mehr.

Unser Kunde Herr Winter versucht Sie seit Tagen zu erreichen. Er ist sehr aufgebracht, weil die Lieferung nicht rechtzeitig zugestellt wurde.

Der Einkaufsleiter braucht noch dringend einen technischen Rat, um die Geräte kaufen zu können.

Die Prozesse mit dem Controlling sind noch abzustimmen, Herr Meier ist schon ungehalten.

Ihre Frau braucht bis 14:00 h den Wagen, um Ihren Sohn rechtzeitig vom Hort abzuholen.

Ihr Chef will wissen, wie die Asienreise verlaufen ist.

Analytisch denkende Menschen teilen die Aufgaben nach dem Eisenhowerprinzip in folgende Kategorien:

wichtig und dringlich
wichtig
dringlich.

Wie könnte das bei unserem Beispiel aussehen?

1. Anruf bei der IT Abteilung, Sie brauchen eine schnelle Reparatur oder einen Austausch PC
    (wichtig & dringlich)
2. Sie erstellen den Monatsbericht für den Vorstand
    (wichtig & dringlich)
3. Sie rufen den Kunden an und beruhigen ihn **(wichtig)**
4. Sie rufen Ihre Frau an und teilen ihr mit, dass sie mit dem Taxi den Sohn abholen soll **(dringlich)**

5. Sie delegieren den Einkauf und das Controlling an Ihren Mitarbeiter (**dringlich**)
6. Sie kommen auf einen Kaffee zu Ihrem Chef und berichten über die Asienreise (**dringlich?**)

Durchsetzungsvermögen:

Wer über ein angemessenes Durchsetzungsvermögen verfügt, überzeugt statt zu überreden. Es ist eine Fähigkeit, anderen das Gefühl zu vermitteln, dass bestimmte Absichten oder Auffassungen richtig sind. Um etwas im Arbeitsleben zu erreichen, müssen Sie Ihre Kollegen „mitnehmen". Dies gelingt nur, wenn man sie überzeugt. Durchsetzungsstarke Persönlichkeiten sagen auch manchmal klar „Nein" und stehen in Gesprächen zu ihrer Meinung. Sie reagieren grundsätzlich auf allen vier Ebenen (siehe Kommunikationsfähigkeit) und sind diejenigen, die bei Besprechungen das Gesagte nochmals zusammenfassen.

Selbstdisziplin:

Ihr eigenkontrolliertes Verhalten auf längere Sicht. Die Selbstdisziplin hält einen Zustand aufrecht, in dem Energie aufgewendet wird, die den Ablenkungen von einer einzuhaltenden Zielvorgabe entgegenwirkt. Es ist eine Rücknahme eigener Bedürfnisse, die zugunsten der Einhaltung von Richtlinien erfolgt.

Sie möchten beim nächsten Marathon unter den ersten 20 sein, die durchs Ziel laufen. Sie wissen, dass dies nur mit einem harten Training zu schaffen ist. Sie stellen Ihre Ernährung um und verzichten auf all die verführerischen Leckereien und den Alkohol. Es fällt Ihnen schwer, aber Sie haben Ihr Ziel vor Augen und wissen, dass es nur auf diesem Wege zu schaffen ist. Über Wochen halten Sie Ihren Trainingsplan ein. Sie laufen, auch wenn es regnet, jeden Tag Ihre vorgegebene Strecke. Manchmal müssen Sie Ihren inneren Schweinehund überwinden und sich sehr anstrengen. Aber letztendlich erreichen Sie Ihr Ziel.

Selbstwertgefühl / Selbstbewusstsein:

Selbstbewusste Menschen sind sich ihrer Handlungen und Taten bewusst. Über das Selbstwertgefühl wird zu einem großen Teil bestimmt, wie Sie selbst mit sich umgehen. Das Selbstwertgefühl ist sozusagen ein Abbild dessen, welche Meinung Sie von sich selbst haben und davon, wie Sie mit sich selbst umgehen.

Jeder hat eine innere Stimme, mit der er mit sich selbst kommuniziert. Der Umgang mit sich selbst ist zu einem großen Teil von der Art geprägt, wie wir erzogen wurden. Achten Sie deshalb einmal darauf, in welchem Ton Sie mit sich selbst sprechen.

Gehen diese Aussagen eher in eine positive Richtung wie „Ich schaffe das", „Kein Problem, das kriegen wir schon hin" oder ist es mehr ein „Das schaffe ich nie", „Ich bin es doch gar nicht wert, dass ...". Niemand hat das Recht, Sie respektlos zu behandeln, das gilt im Übrigen auch für Sie selbst. Sie sollten künftig darauf achten.

Ein positives Selbstwertgefühl beeinflusst Ihre Ausstrahlung. Dies wird in Ihrem Anschreiben und beim Vorstellungsgespräch bemerkt und verschafft Ihnen dadurch große Vorteile. Man erkennt diese Menschen an ihrer Unbeschwertheit, wenn sie bestimmte Aufgaben lösen. Selbstbewusste Menschen wirken authentisch. Nicht zu verwechseln mit Menschen, die ein „selbstsicheres Auftreten" an den Tag legen. Selbstsichere Menschen wirken souverän und stabil. Achten Sie dabei einmal auf sich selbst: Wann gehen Sie in Hobby oder Beruf unbeschwert und gut gelaunt an Aufgaben heran? Seien Sie neugierig auf alles Neue und seien Sie sich (selbst)bewusst, dass man aus Fehlern am besten lernt.

Kritikfähigkeit:

Ein heikler Punkt, denn Kritik hört keiner gerne. Zu beachten ist hier, dass das Annehmen und auch das Äußern von Kritik gelernt sein will. Beim Äußern von Kritik gilt es, auf Du-Botschaften zu verzichten. Eine Du-Botschaft ist wie der ausgestreckte Zeigefinger. Vielmehr ist hier die Ich-Botschaft zu verwenden.

Also nicht: *„Du hast bzw. Sie haben es noch immer nicht geschafft, die Unterlagen rechtzeitig zu bearbeiten."*
Sondern: *„Mir ist aufgefallen, dass Sie mit der Bearbeitung der Unterlagen in Verzug sind. Was konkret ist dabei das Problem und wie kann ich Ihnen helfen, es zu lösen?"*

Beides die gleiche Aussage, klingt aber völlig unterschiedlich, oder? Ein Tipp: Bei negativer Kritik nicht alles auf sich persönlich beziehen und völlig in sich zusammenfallen oder gar aggressiv werden. Die Kunst ist es, dass für sich Wichtige aus der Kritik anzunehmen, um es als Feedback in das künftige Verhalten einzubauen. Aber auch zu erkennen, welche Kritik ungerechtfertigt ist, um sich von dieser nicht vom Weg abbringen zu lassen.

Belastbarkeit:

Der Lieblingsbegriff, der jeden Personaler mit der Zunge schnalzen lässt. Menschen mit dieser Eigenschaft sind in der Lage, hohe physische und psychische Belastungen auszuhalten. *Job from nine to five?* Garantiert nicht, derartige Menschen haben den sogenannten *langen Atem*, wenn es darum geht, eine Aufgabe zu meistern. Auch wenn sich der Erfolg nicht sofort einstellt. Misserfolge und Frust werden ertragen, ohne dass ihr Leistungsniveau absinkt. Sie kommen auch mit einer gewissen beruflichen Unsicherheit klar und reagieren nicht gleich wie ein wild gewordenes was ...? Belastbare Menschen strahlen immer eine gewisse Ruhe aus und sind in der Lage, große Mengen konzentriert abzuarbeiten – egal wie stürmisch es gerade ist. Verschwörungstheorien hören sie sich an, reagieren aber meist nur unauffällig darauf.

Jetzt verrate ich Ihnen noch ein Geheimnis. Die größten Worthülsenstanzer sind? Ja genau, die Personalverantwortlichen selbst. Liest man eine Stellenanzeige, steht da häufig:
Sie besitzen Durchsetzungsvermögen, sind teamfähig und kommunikationsstark. Fremdsprachenkenntnisse runden Ihr Profil ab.

Wie bitte? Wer will schon einen abgerundeten Mitarbeiter ohne Ecken und Kanten?

Persönliche Einschätzung:

Kommen wir nun zu der persönlichen Einschätzung Ihrer Schlüsselqualifikationen. Tragen Sie nun in die Skala der Tabelle ein, wo Sie Ihre ganz persönlichen Stärken sehen. Anhand der Beschreibung können Sie sicher eine klare Aussage dazu treffen.

Versuchen Sie hierzu immer ein Beispiel aus Ihrem Arbeitsleben zu finden. Gehen Sie es in Gedanken durch und bewerten dann auf der Skala von 1 bis 5.

Hierbei gilt:

1 = sehr wenig ausgeprägt
5 = sehr stark ausgeprägt.

Soft Skills

Selbsteinschätzung

	1	2	3	4	5
Teamfähigkeit	1	2	3	4	5
Kommunikationsfähigkeit	1	2	3	4	5
Analytische Vorgehensweise	1	2	3	4	5
Durchsetzungsvermögen	1	2	3	4	5
Selbstdisziplin	1	2	3	4	5
Selbstwertgefühl	1	2	3	4	5
Kritikfähigkeit	1	2	3	4	5
Belastbarkeit	1	2	3	4	5

1 = sehr wenig ausgeprägt
5 = sehr stark ausgeprägt.

Na, alles ausgefüllt? Sehr gut und nun fragen Sie einen Freund oder Kollegen, ob er Sie beurteilen möchte. Das kann auch innerhalb der Familie sein. Gehen Sie mit den gewonnenen Informationen sehr behutsam um und versuchen Sie nicht die Person nun zu drängen, Sie möglichst gut zu beurteilen. Sie möchten ja eine echte Fremdeinschätzung. Klar ist auch, dass die Person Ihr Ergebnis vorher nicht sehen darf. Das beeinflusst unbewusst und verfälscht die Einschätzung. Erfahrungsgemäß weicht das vom Selbstbild immer etwas ab. Das ist aber gut so, Sie können sich dann überlegen, warum diese Person diesen Eindruck gewonnen hat und es künftig versuchen zu ändern oder noch verstärken, wenn es gut war. Sollte es Ihnen aber passieren, dass Sie die Person laut anbrüllen, weil sie Ihnen bei Kritikfähigkeit nur eine 1 spendiert hat, empfehle ich Ihnen, das Kapitel Schlüsselqualifikationen nochmals, aber diesmal konzentriert, zu lesen.

Fremdeinschätzung

Teamfähigkeit	1	2	3	4	5
Kommunikationsfähigkeit	1	2	3	4	5
Analytische Vorgehensweise	1	2	3	4	5
Durchsetzungsvermögen	1	2	3	4	5
Selbstdisziplin	1	2	3	4	5
Selbstwertgefühl	1	2	3	4	5
Kritikfähigkeit	1	2	3	4	5
Belastbarkeit	1	2	3	4	5

1 = sehr wenig ausgeprägt
5 = sehr stark ausgeprägt

Sie können nun Ihre Schlüsselqualifikationen abgleichen. Bitte denken Sie daran, dass die Fremdeinschätzung eine sehr wertvolle Information ist. Zeigen Ihnen Mitmenschen doch auf diese Weise, wie Sie auf sie wirken. Wenn Sie bei einer Schlüsselqualifikation sich selbst die 5 gegeben haben, aber als Feedback der befragten Person eine 3 erhalten haben, so ist das ein typisches Zeichen dafür, dass Sie bisher geglaubt haben, anders zu wirken. Das ist nicht schlimm, es zeigt dem Menschen einfach nur, wie er auf seine Umwelt wirkt. Ein typisches Beispiel, das in diesem Zusammenhang sehr gut zutrifft, ist Folgendes:

Sie haben doch sicher schon einmal Ihre Stimme auf einem Tonträger (Audio, Video) gehört. Plötzlich kommt uns die eigene Stimme völlig fremd vor, aber was noch viel schlimmer ist, sie klingt extrem sonderbar. Fast schämt man sich und sagt im ersten Ansatz: „Uh schalt das ab, das klingt ja schrecklich." Das liegt daran, dass im Schädel vor allem der Kieferknochen mitschwingt. Man nimmt also nicht nur das von außen gehörte wahr, sondern auch das, was direkt vom Inneren des Ohres wahrgenommen wird. Die eigene Empfindung der Stimme ist viel dunkler und tiefer. Das ist ein klassischer Fall von Selbsthören und Fremdhören. Genau wie mit unserem Verhalten und der Umwelt, die es wahrnimmt.

Wir haben nun genügend Informationen, um das Stellenportfolio auszufüllen. Sie benötigen dazu die Inventurliste und das Ergebnis der Einschätzung unserer Soft Skills. Tragen Sie jetzt alle Informationen in das Stellenportfolio ein und verwenden Sie diese Informationen von nun an als Referenz zum Abgleich neuer Stellenangebote.

Besonders der Punkt *„Welches Problem kann ich für dieses Unternehmen lösen?"* ist der Schlüssel in das Herz des Personalchefs. Wenn Sie wirklich einen Punkt finden und klar mitteilen können, dass Sie in einem bestimmten Gebiet *der Problemlöser* sind, lösen Sie in dem Moment das Ticket zum Vorstellungsgespräch.

Stellenportfolio:

Berufsbezeichnung: Bürokauffrau

Meine derzeitigen übergeordneten Tätigkeiten sind:

Auftrags- und Rechnungsbearbeitung
Allgemeine Bürowirtschaft und Organisation
Controllingaufgaben
Reklamationsbearbeitung

Stark ausgeprägte Soft Skills:

Teamfähigkeit
Kommunikationsfähigkeit
Kritikfähigkeit
Belastbarkeit

Weitere Stärken – Feedback von Familie und Bekannten:

Ausdauer
Flexibilität
Lernbereitschaft
Sorgfalt

Zusatzausbildungen und Seminare:

Konfliktmanagement
Word 2010 Seminar

Stellenportfolio:

Berufsbezeichnung:

Meine derzeitigen übergeordneten Tätigkeiten sind:

_____

_____

_____

Stark ausgeprägte Soft Skills:

_____

_____

_____

Weitere Stärken – Feedback von Familie und Bekannten:

_____

_____

_____

Zusatzausbildungen und Seminare:

_____

_____

Stellenangebot Firma:_____

Aufgaben, die zu erfüllen sind:

_____

_____

_____

Anforderungsprofil:

_____

_____

_____

Welches Problem kann ich für dieses Unternehmen lösen?:

_____

_____

_____

Shorties kurz und knapp:

Gehen Sie mit einer gesunden Neugier an den Bewerbungsprozess heran. Suchen Sie nach Ihrem Traumjob in Ihrer Traumfirma und sehen Sie Absagen als Chance, es beim nächsten Mal besser zu machen!

Personalentscheider sind sich ihrer Verantwortung bewusst und sind einem großen Druck ausgesetzt. Machen Sie es diesen Menschen leicht, indem Sie Offenheit und Authentizität in Ihren Unterlagen durchblicken lassen.

Werden Sie sich Ihrer eigenen Fähigkeiten bewusst. Gliedern Sie Ihre bisherigen Aufgaben und fassen diese in Überpunkten zusammen. So bekommen Sie einen Überblick und können in wenigen Worten Ihre Tätigkeiten attraktiv darstellen.

Lassen Sie sich von überhöhten Anforderungen in Stellenanzeigen nicht abschrecken. Analysieren die Stellenanzeige auf Worthülsen und vergleichen diese mit den übergeordneten Punkten in Ihrem Stellenportfolio.

Werden Sie sich Ihrer Schlüsselqualifikationen bewusst und bauen Sie diese permanent aus.

2

Bewerbungs-Erfolgs-Loop

Für den Bewerbungsprozess benötigt man teilweise einen sehr langen Atem. Die Herausforderung liegt darin, während der Wartezeit mit gleichbleibender Energie weiterzuarbeiten, ohne zu wissen, wie weit man schon gekommen ist. Das Feedback fehlt, teilweise kommen Absagen und teilweise nicht. Das frustriert und raubt einem den Mut, weiterzumachen. Allerdings gibt es prominente Vorbilder, die sich in weit auswegloseren Situationen nicht haben unterkriegen lassen. Thomas Alva Edison (Erfinder der Glühbirne) hat über 2000 Erfindungen entwickelt und über 1000 Patente angemeldet. Was hat diesen Menschen so motiviert, dass er nie aufgegeben hat? Es lag an seiner inneren Einstellung.

So sagte Thomas Alva Edison einmal: „Von jeder der 200 Glühbirnen, die nicht funktionierten, habe ich etwas gelernt, das ich für den nächsten Versuch verwenden konnte."

Diesen genialen Ansatz möchte ich gerne weiterverfolgen und ihn in den Bewerbungsprozess integrieren. Wir benötigen eine neue Strategie, und zwar eine, die uns nicht frustriert, sondern motiviert. Eine Strategie, die uns, je länger wir uns damit beschäftigen, erfolgreicher werden lässt. Eine Taktik, die uns zwangsläufig zum Erfolg führt und uns das Gefühl ständigen Wachsens und ständiger Weiterentwicklung gibt. Eine Methode, die zielgerichtet und auf das Wesentliche gerichtet ist.

Der Bewerbungs-Erfolgs-Loop setzt an einem ganz bestimmten Punkt an: bei Ihnen selbst. Bevor ich Ihnen den Loop genauer erkläre, ein paar wichtige Erkenntnisse aus der Wissenschaft zum Thema Motivation, die wir uns im Loop zunutze machen wollen.

Wenn Sie den Loop richtig anwenden, kommen Sie automatisch in den Flow. In einen Zustand, der Sie stets bei Laune hält und der Ihnen Spaß bereitet, weitere Bewerbungen zu schreiben. Wie soll das möglich sein? Nun, dazu ist es notwendig, den Begriff *Flow* etwas genauer zu untersuchen. In der Wissenschaft wird Flow folgendermaßen definiert:

> *Als Flow wird der Zustand eines Menschen bezeichnet, der völlig in seiner Aufgabe aufgeht. Dabei ist er in der Lage, mit seinen Fähigkeiten die vor ihn liegende Anforderung gerade noch zu erfüllen.*

Beschrieben wurde der Flow erstmals von Mihaly Csikszentmihalyi (sprich: Tschik Sent Mihaji), der 1934 als Sohn einer ungarischen Familie in Italien geboren wurde. Er war als Gastprofessor in Italien, Brasilien, Finnland und Kanada tätig und ist heute Direktor des Quality of Life Center und Professor für Unternehmensführung an der Claremont Graduate University in Kalifornien. Mihaly Csikszentmihalyi wurde weltweit bekannt, als er erstmals das Flow-Phänomen beschrieb, und gilt als führender Glücksforscher. Flow bezeichnet einen Zustand des Glücksgefühls, in den Menschen geraten, wenn sie gänzlich in einer Beschäftigung *aufgehen*. Entgegen ersten Erwartungen erreichen wir diesen Zustand nahezu euphorischer Stimmung meistens nicht beim Nichtstun oder im Urlaub, sondern wenn wir uns intensiv der Arbeit oder einer schwierigen Aufgabe widmen. *Flow* ist etwas anderes als *fun* oder *kick* (Nervenkitzel) – ist also nicht nur eine kurzzeitige, aufgeputschte Erregung, sondern eine länger andauernde Euphorie, die, richtig genutzt, wertvoller ist. Drei Faktoren sind hierbei besonders wichtig:

1. Die Aktivität hat deutliche Ziele.

2. Die Aktivität hat unmittelbare Rückmeldung.

3. Die Tätigkeit hat ihre Zielsetzung bei sich selbst, dient also dem Selbstzweck.

Stellen Sie sich folgende Situationen vor:

Sie lösen ein Kreuzworträtsel. Kurz bevor es langweilig wird, finden Sie plötzlich ein Lösungswort. Sie tragen es in die leeren Felder ein und sehen wieder ein Stück weit klarer. Weitere offene Felder warten darauf, gelöst zu werden. Durch das Eintragen des Lösungswortes von eben haben Sie neue Hinweise für die Lösung der bisher noch nicht gelösten Wörter erhalten. Schnell tragen Sie ein weiteres Lösungswort ein und werden dafür mit einem kleinen Glücksgefühl belohnt.

Durch das gerade Erlebte sind Sie motiviert und suchen mit einem Lächeln nach weiteren Hinweisen für die Lösung des kompletten Kreuzworträtsels. Sie sind nun vom Lösen des Kreuzworträtsels so fasziniert, dass Sie die Zeit um sich herum vergessen. Plötzlich ist über eine Stunde vergangen und Sie können sich gar nicht erklären, wie die Zeit so schnell verfliegen konnte. Sie waren im *Flow*. Dieses Prinzip finden Sie im Übrigen auch bei den Spielen Sudoku und Mah-Jongg wieder.

Wenn Sie sich auf den Bewerbungs–Erfolgs–Loop einlassen, werden Sie kurzfristig in den Genuss des Flow kommen. Das Geheimnis ist die Abstimmung, in jedem Modul noch offene Anforderungen oder Aufgaben zu haben. Es ist spannend zu sehen, wie Aufgaben neue Anforderungen entstehen lassen und wie sich umgekehrt Anforderungen in Aufgaben wandeln.

Es gibt immer etwas zu tun und die Spannung bleibt, zu sehen, was wohl als Nächstes geschehen wird. Dabei optimieren Sie sich ständig und mit jedem Schritt, den sie innerhalb des Loops tun. Sehen wir uns also den Loop an.

Man kann ihn als einen geschlossenen Regelkreis betrachten:

Bewerbungs – Erfolgs -Loop

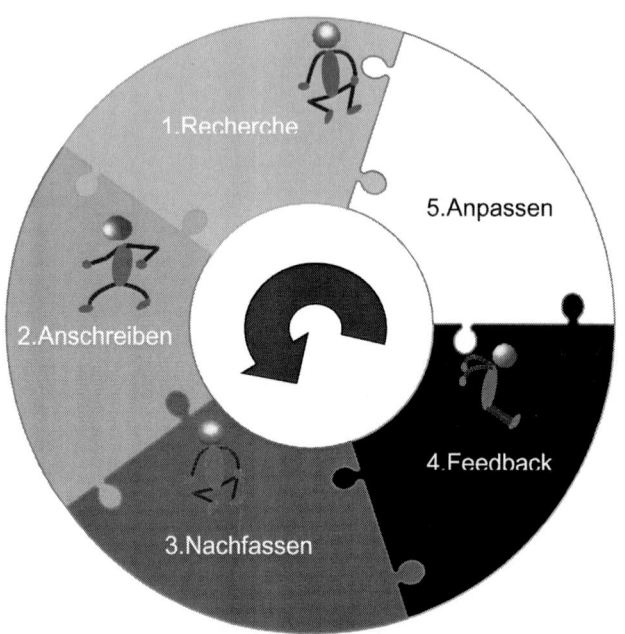

Recherche	Anschreiben	Nachfassen
Forschen Sie im Internet nach der Firmenphilosophie und weiteren wichtigen Informationen.	Verwenden Sie das neu gewonnene Wissen im Anschreiben. Wiedererkennung, Problemlöser.	Rufen Sie sich, nach angemessener Zeit, (2-3 Wochen) wieder in Erinnerung.

Feedback	Anpassen
Schief gelaufen? Bleiben Sie locker und fragen Sie nach, was Sie besser machen können.	Passen Sie Ihre Bewerbung kontinuierlich an, um besser zu werden.

Jedes Element ist dabei als gleichwertiges Modul zu betrachten und der Reihe nach abzuarbeiten. Sie beginnen mit der Recherche, gehen dann über zum Anschreiben und haken nach einer gewissen Zeit nach. In der Leerlaufphase starten Sie erneut mit der Recherche. In der Zwischenzeit bekommen Sie eventuell eine Absage. Fragen Sie nach dem Grund, warum Sie diese Absage erhalten haben.

Wenn Sie den *Loop* richtig anwenden, bekommen Sie in kürzester Zeit *Momentum*. Als *Momentum* bezeichnet man den Schwung, den man, einmal angestoßen, entwickelt und der uns immer weiter trägt. Momentum unterscheidet sich somit vom *Versuch*, der einfach nur eine Ausrede ist, etwas nicht tun zu wollen. Momentum erfordert Kraft, die uns nachfolgend wieder den Schwung gibt weiter zu machen.

Bodo Schäfer beschreibt in seinem Buch *Die Gesetze der Gewinner* den Begriff Momentum als einen Zug, der mit 200 Km/h über die Gleise fährt. Nichts ist in der Lage, diesen Zug aufzuhalten, selbst eine Mauer würde scheitern. Der Zug hat *Momentum*. Er ist in Bewegung und hat die treibende Kraft. Steht dieser Zug still, reicht schon ein geringer Widerstand, um zu verhindern, dass dieser Zug Fahrt aufnimmt. Würden Sie vor eines der Räder einen Keil schieben, könnte die Lok nie losfahren. Ohne Momentum genügt eine Kleinigkeit, um das ganze Unternehmen scheitern zu lassen. Mit Momentum geht alles wie von selbst. Hindernisse sind kein Problem.

Um Momentum zu bekommen, ist Disziplin notwendig. Am Anfang ist es schwer, den Zug zum Rollen zu bringen, aber wenn er dann langsam anrollt, wird es immer leichter. Hat der Zug dann Geschwindigkeit, ist es immer wieder mal nötig, mittels Disziplin den Zug auf Geschwindigkeit zu halten. So wird im Buch *Die Gesetze der Gewinner* folgende Geschichte erzählt:

Für eine groß angelegte Werbekampagne hat ein amerikanisches Unternehmen viele Millionen Dollar ausgegeben. Durch den Erfolg der Kampagne schnellte der Umsatz des Unterneh-

mens schlagartig nach oben. Dennoch investierte das Unternehmen weiter fleißig viele Millionen Dollar in diese Werbekampagne und brach die Aktion somit nicht ab. Journalisten fragten darauf den Vorstandschef, warum er diese wahnsinnsteure Kampagne nicht einstelle, schließlich wäre der Erfolg doch offensichtlich und alle Umsatzziele seien weit übertroffen worden.

Darauf lächelte der Vorstandschef gelassen und antwortete dem Journalisten Folgendes: „Stellen Sie sich vor, Sie sitzen in einem Flugzeug. Um eine derartige Maschine in die Luft zu bekommen, ist ein hohes Maß an Energie notwendig. Zuerst muss die die Maschine auf der Startbahn die notwendige Geschwindigkeit erreichen, dann abheben und schließlich fliegen Sie ruhig und angenehm auf der vorgegebenen Flugbahn. Würden Sie nun die Motoren abstellen?"

Wichtig ist, dass Sie ein klares Ziel vor Augen haben, ohne ein klares Ziel bleibt es nur ein Versuch, der zum Scheitern verurteilt ist. Seien Sie sich dessen beim Bewerbungs–Erfolgs–Loop bewusst.

Shorties kurz und knapp:

Personalverantwortliche treffen Entscheidungen, die mit hohen Investitionskosten verbunden sind. Deshalb sind sie auch sehr kritisch. Bleiben Sie authentisch und ehrlich, damit können Sie punkten.

In *Bewerbung* steckt ganz klar das Wort *Werbung*. Nehmen Sie sich ein Beispiel an den Werbestrategen und schaffen auch Sie für sich Unterlagen, die Sie *einzigartig* erscheinen lassen.

Erkennen Sie mit der Inventurliste Ihre übergeordneten Tätigkeiten und filtern Sie Ihre ganz persönlichen Stärken heraus.

Identifizieren Sie Ihre ganz persönlichen Schlüsselqualifikationen und verzichten Sie auf Worthülsen.

Prüfen und analysieren Sie die Stellenanzeigen auf Hinweise, die Sie im Anschreiben bereits berücksichtigen können.

Gleichen Sie alle Stellenangebote mit dem Stellenportfolio ab und überlegen sich, welchen Vorteil Sie dem Unternehmen bieten können.

Nutzen Sie, neben der Tageszeitung, auch die Jobportale im Internet.

Rufen Sie beim Unternehmen an und versuchen Sie, ergänzende Infor-

mationen für sich und Ihr Anschreiben zu gewinnen.

Beziehen Sie sich im Anschreiben auf das geführte Telefonat.

Wenden Sie den Bewerbungs-Erfolgs-Loop an

Recherche
Anschreiben
Nachfassen
Feedback
Anpassen

und sorgen Sie für einen kontinuierlichen Fluss.

Sehen wir uns nun die Stationen des Bewerbungs–Erfolgs-Loop im Einzelnen an.

Recherche:

Seien Sie Detektiv und recherchieren Sie, was Sie alles über das Unternehmen herausfinden können. Klären Sie dazu Folgendes:

Welche Produkte oder Dienstleistungen bietet das Unternehmen an?
In welcher Branche agiert das Unternehmen?
Recherchieren Sie, welche Konkurrenten das Unternehmen hat.
Hat das Unternehmen einen bestimmten Wettbewerbsvorteil? Wenn ja, welcher ist es?
Ist das Unternehmen sehr markenorientiert (z.B. adidas, Puma, ebay usw.)?
Gibt es Patente?
Welche Rechtsform hat das Unternehmen?
Wer ist Kunde des Unternehmens?
Welche Firmenphilosophie hat das Unternehmen?

Der Punkt *Firmenphilosophie* ist ein ganz wichtiger Faktor. Hier gibt ein Unternehmen etwas über seine Persönlichkeit preis. Anhand dieser Leitlinien können Sie auch checken, ob das Unternehmen zu Ihnen passt.

„Wie? Ich soll mir jetzt schon all die Mühe machen, obwohl ich noch nicht zum Vorstellungsgespräch eingeladen wurde?", werden Sie sich jetzt fragen. Ja, die Mühe ist notwendig, sehr sogar. Überlegen Sie, was Sie persönlich dem Unternehmer bieten können, greifen Sie dann zum Telefon und rufen dort an. Falls es nicht in der Stellenausschreibung steht, versuchen Sie herauszufinden, wie der Name Ihres Ansprechpartners lautet. Stellen Sie Fragen, die direkt mit dem Arbeitsumfeld zu tun haben, und zeigen Sie, dass Sie die Tätigkeit wirklich interessiert.

Ein Personalchef hat es mit eigenen Worten auf den Punkt gebracht: „Gerade junge Bewerber sind manchmal zu unsicher und aus dieser Unsicherheit resultiert oft Unprofessionalität. Personaler sind auch nur Menschen, Kandidaten sollten daher versuchen, offen und kommunikativ auf den potenziellen neuen Arbeitgeber zuzugehen, so ergibt sich gleich ein anderes Bild. Oft bekommt man völlig verschüchterte Bewerbungen, die völlig am Thema vorbeizielen. Einfacher ist es oft, kurz beim jeweiligen Unternehmen anzurufen und anhand eines kurzen Abrisses des Profils zu fragen, ob eine Bewerbung Sinn machen würde. Das zeugt von Engagement, Überblick und Professionalität und lenkt die Aufmerksamkeit des Personalers schon vor der eigentlichen Bewerbung auf einen Kandidaten."

Vorher nehmen Sie sich noch Ihr Stellenportfolio zur Hand und gehen in Gedanken die Aufgaben und Anforderungen an das Profil durch. Inwieweit fehlen Ihnen noch Informationen, um die Frage *„Welches Problem kann ich für dieses Unternehmen lösen?"* konkret beantworten zu können. Genau darauf sollten Sie fokussieren. Dies bietet zweierlei Vorteile. Auf der einen Seite wird man sich freuen, dass jemand anruft, der großes Interesse zeigt. Auf der andern Seite bekommen Sie viele Hinweise, um Ihr Anschreiben zu optimieren. Bleiben Sie dabei locker, Sie melden sich nicht als Bittsteller, sondern als möglicher Problemlöser, der dem Unternehmen viel Nutzen bieten kann. Genau das sollte auch beim Gespräch rüberkommen.

Es gibt diesbezüglich einen Leitspruch, den ich Ihnen ans Herz legen möchte. Er ist einfach, aber sehr effektiv, er heißt:

„Ich habe nichts zu verlieren."

Angenommen Sie rufen dort an und man will sich für Sie keine Zeit nehmen oder raunzt Sie dumm an, was allerdings in den seltensten Fällen vorkommen wird. Na und? Niemand wird wissen, wer Sie genau sind, keiner wird auf der Straße mit dem Finger auf Sie zeigen. Das Unternehmen hat lediglich eine Chance verpasst, Sie kennenzulernen. Traurig. Allerdings nicht für Sie, denn Sie ziehen weiter und steuern neue Häfen an. Sehr oft werden Sie den Personalchef nicht persönlich ans Telefon bekommen. Es ist die Sekretärin, die Sie abfängt, das ist gut, ja das ist sogar sehr gut. Sie fragen, *warum*? Ganz einfach, die Dame schnappen Sie sich und reden mal kurz ein paar Takte über das Wetter oder wie froh Sie sind, dass Sie sie erreicht haben. Gewöhnlich sind diese Damen froh, mal aus dem Arbeitsalltag herausgerissen zu werden. Es ist eine gute Gelegenheit, Informationen über das Unternehmen zu bekommen … und mit etwas Glück werden Sie sogar in die Fachabteilung weitergeleitet. Aber auf jeden Fall sollten Sie sich den Namen des Ansprechpartners am Telefon aufschreiben.

Schreiben Sie alles auf das Stellenportfolio. Wenn Sie dann Ihre Unterlagen absenden, schreiben Sie eine kurze Mitteilung an die höfliche Dame und legen ein paar Gummibärchen bei. Jetzt nicht die Colorado-Dröhnung, sondern die kleinen Päckchen, die es zu kaufen gibt. Die Dame wird sich an Sie erinnern und vielleicht dafür sorgen, dass Ihre Bewerbungsmappe auf dem Stapel immer ganz oben liegt. Ja, und sollte Ihre Mappe mal im Stapel etwas ins Abseits driften, dann wissen Sie, wer Ihre Unterlagen wieder ins rechte Licht rücken wird. Sekretärinnen und Assistentinnen sind die *grauen Eminenzen*, daher sehr mächtig und auf keinen Fall zu unterschätzen.

Für den Fall, dass Sie es tatsächlich geschafft haben, mit der verantwortlichen Person persönlich zu sprechen, haben Sie nun die notwendigen Informationen Ihr Anschreiben zu gestalten. Aber Sie haben noch etwas, und zwar etwas Grandioses: Sie haben jetzt schon den Einstiegssatz für Ihr Anschreiben. Denn der könnte so lauten:

Sehr geehrter Herr Meier,
in unserem ausführlichen und informativen Telefonat vom
03.10.2012 haben Sie mich auf Ihre innovativen Lampen-
systeme neugierig gemacht. Ich freue mich schon sehr, Ihr Team
zu verstärken …

Sehen Sie? Ein Anruf genügt und der verflixte Einstieg in das Anschreiben ist gelöst. Dazu kommen noch Informationen, die Sie im Anschreiben voll und ganz ausschlachten sollten.

Anschreiben:

Es geht nicht darum, eine Stelle zu finden, die Ihnen bis zur Rente ein Gehalt zahlt, vielmehr ist es notwendig, die Position eines attraktiven Problemlösers einzunehmen. Was ich damit meine, ist im nächsten Punkt beschrieben.

In den letzten Jahrzehnten hat sich nämlich die Anforderung an das Anschreiben drastisch geändert. Während man in den 70ern noch selbst vorbeiging, um nach einer Arbeit zu fragen, sieht das heute völlig anders aus.

Ich kann es nicht oft genug betonen: Keinen Standard bitte! Chefs und Personalverantwortliche können Sätze aus dem großen Fundus der Bewerbungsratgeber auswendig aufsagen. Spätestens nach dem Halbsatz *„Hiermit bewerbe ich mich um die von Ihnen ausgeschriebene Stelle als ..."* fallen diese unschuldigen Kreaturen ins Wachkoma und legen, wie in Trance, Ihr Anschreiben zu all den anderen bedauernswerten halbherzigen Versuchen, die bereits neben dem Drachenbaum am Fensterbrett in der Sonne vergilben. Machen Sie es anders und zaubern Sie ein Lächeln auf die Lippen des Lesers.

Ich hatte kürzlich einen Freund zu Besuch, der mit der Bitte auf mich zukam, ihm bei seiner Bewerbung für eine Möbelspedition zu helfen. Er arbeitet derzeit bei einer Firma, die vorwiegend Sanierungen im Baugewerbe durchführt, und wollte sich beruflich neu orientieren. Deshalb sucht er bei einer Speditionsfirma einen Neuanfang.

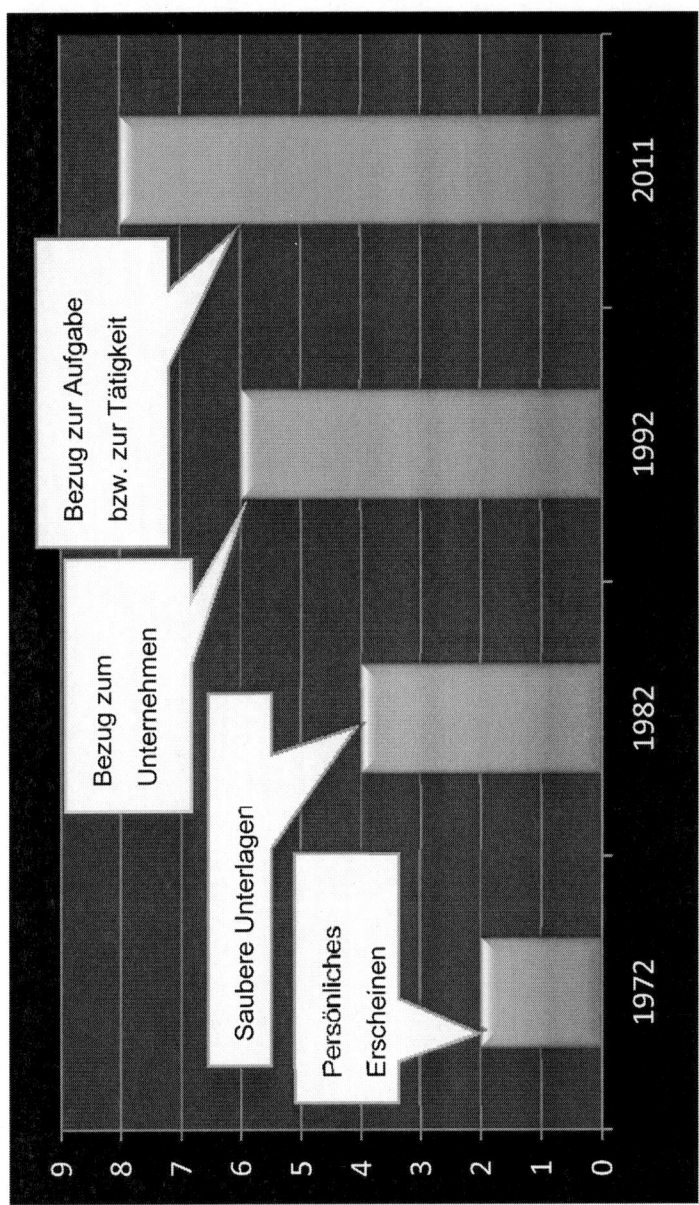

Wir machten eine Bestandsaufnahme:

Meine Beruf	Übergeordnete Tätigkeit	Konkretisierung	Bewertung			
			1	2	3	4
Bauhelfer	Bauarbeiten	Maurertätigkeiten		x		
		Dachausbesserung		x		
		Gartenarbeiten	x			
		Altbausanierung				
	Sanierungsarbeiten	Ausbesserungsarbeiten an Fußböden				x
		Kundendienst im Baubereich		x		
		Wände verputzen				x
		Tapezieren				x
		Maltätigkeiten				x
		Boden verlegen			x	
	Organisationstätigkeiten	Einteilung des Teams bei Baustellentätigkeiten			x	
		Erstellung von Regieberichten			x	
		Absprache mit Architekten		x		
	Küchenbau	Küchen Auf- und Abbau				x
		Anschluss der Elektrogeräte (Herd, Geschirrspüler)				x
		Anpassen der Arbeitsplatten und Schränke.				x
		Montage von Schränken				x

Beispiel

Tabelle 1

Durch seine jetzige Tätigkeit verfügt er über ein breites Wissen und Können, was Reparaturarbeiten und Sanierungen von Wänden und Fußböden betrifft. Bei einer seiner früheren Stellen hat er sich ein großes Wissen und Erfahrung im Bereich Küchenbau erworben und kann dies mit Ausbildungsnachweisen belegen. Daraus ergeben sich mindestens zwei Vorteile, die für den künftigen Arbeitgeber interessant sein könnten.

Stellenportfolio:

Berufsbezeichnung: Bauhelfer

Meine derzeitigen übergeordneten Tätigkeiten sind:

Bauarbeiten
Sanierungsarbeiten
Organisationstätigkeiten
Küchenbau

Stark ausgeprägte Soft Skills:

Teamfähigkeit
Kommunikationsfähigkeit
Belastbarkeit

Beispiel

Weitere Stärken – Feedback von Familie und Bekannten:

Ausdauer
Flexibilität
Sorgfalt

Zusatzausbildungen und Seminare:

Ausbildung zur Elektrofachkraft für festgelegte Tätigkeiten
Sicherheitslehrgang für Arbeiten an Baustellen (BG)

Stellenangebot Firma: Mustermann

Aufgaben, die zu erfüllen sind:

Umzüge organisieren und Durchführen
Verpacken von Hausrat und entsprechenden Transport
Zerlegen und Aufbau Schränken, Betten usw.

Anforderungsprofil:

Körperlich belastbar
Handwerkliches Geschick
Teamfähigkeit

Welches Problem kann ich für dieses Unternehmen lösen?:

Ich kann kleinere Schäden, wie sie an Ecken und Böden beim
Möbeltransport vorkommen können, selbst reparieren.

Ich kann Küchen auf- und abbauen

Wir haben nun Fähigkeiten des Bewerbers im Zusammenhang mit den Anforderungen der Stellenausschreibung betrachtet und folgendes Anschreiben erstellt:

Max Mustermann
Musterstr. 10
1010 Musterstadt
Tel: 01 / 101 101 10
Email: mustermann@muster.at

Firma
Mustertransport
Musterstr. 110
1010 Musterstadt
z. Hdn.: Musterfrau

Musterstadt, 00.00.2011

Bewerbung für eine Stelle als Möbeltransporteur

Sehr geehrte Frau Musterfrau,

derzeit bin ich als Allrounder im Innenausbau tätig und somit für die sachgerechte Reparatur von kleineren und größeren Schäden rund um das Baugewerbe verantwortlich. Ich möchte mich beruflich neu orientieren und sehe im Umzugs- und Logistikbereich eine große Chance meine Fähigkeiten zielgerichtet einsetzen zu können.

Das breite Spektrum des Umzugsgewerbes ist mir bekannt. Bei der Firma Möbel Mustermann habe ich neben dem Aufbau von Küchen auch ganzheitlich den Prozess des Möbeltransports betreut. Das Ab- und Aufbauen von Küchen ist dabei einer meiner Stärken. Das Angebot, bei Umzügen auch gleich die Küche passend einzubauen, könnte somit eine Erweiterung Ihres Angebotes sein.
Da es bei Umzügen immer mal wieder zu kleineren Schäden an Wänden und vor allem im Bodenbereich kommen kann, sehe ich den großen Vorteil meiner Arbeitskraft darin, diese Schäden durch meine Fachkenntnis an Ort und Stelle beheben zu können. Sicherlich stimmen Sie mir zu, dass diese Vorgehensweise nicht nur kundenorientiert, sondern auch ein gewisses Maß an Kosteneinsparung bringt.

Im Internet präsentieren Sie, neben vielen nützlichen Informationen, die Eckpfeiler Ihrer Firmenphilosophie. Ehrlichkeit, Zuverlässigkeit und fachliche Kompetenz. Das breite Angebot Ihrer Speditionstätigkeiten wurde seit 2007 ständig um weitere attraktive Dienstleistungen wie z.B. Single-Umzugs-Angebote erweitert. Dies spricht mich an und macht mich neugierig auf das Unternehmen und die zugehörigen Menschen.

Aufgrund meiner bisherigen Berufserfahrung und den oben beschrieben Fähigkeiten ist die zu besetzende Stelle für mich wie geschaffen. Ich bin belastbar und zuverlässig, Termine halte ich strikt ein und Loyalität wird bei mir großgeschrieben.

Über eine Einladung zu einem Gespräch freue ich mich wirklich sehr.

Mit freundlichen Grüßen

Max Mustermann

Anlagen:
Lebenslauf
Arbeitszeugnis

Analyse des Anschreibens:

Sehr geehrte Frau Musterfrau,

derzeit bin ich als Allrounder im Innenausbau tätig und somit für die sachgerechte Reparatur von kleineren und größeren Schäden rund um das Baugewerbe verantwortlich. Ich möchte mich beruflich neu orientieren und sehe im Umzugs- und Logistikbereich eine große Chance meine Fähigkeiten zielgerichtet einsetzen zu können.

Keine Floskeln, man kommt direkt zur Sache und sagt, um was es geht.

Das breite Spektrum des Umzugsgewerbes ist mir bekannt. Bei der Firma Möbel Mustermann habe ich neben dem Aufbau von Küchen auch ganzheitlich den Prozess des Möbeltransports betreut. Das Ab- und Aufbauen von Küchen ist dabei eine meiner Stärken. Das Angebot, bei Umzügen auch gleich die Küche passend einzubauen, könnte somit eine Erweiterung Ihres Angebotes sein.

Hier der erste Hinweis: Als Unternehmer überlegt man da sofort, inwieweit sich so eine Idee umsetzen ließe. Schließlich sind Unternehmer Menschen, die etwas unternehmen. Auf jeden Fall denkt dieser Bewerber unternehmerisch, interessant, oder?

Da es bei Umzügen immer mal wieder zu kleineren Schäden an Wänden und vor allem im Bodenbereich kommen kann, sehe ich den großen Vorteil meiner Arbeitskraft darin, diese Schäden durch meine Fachkenntnis an Ort und Stelle beheben zu können. Sicherlich stimmen Sie mir zu, dass diese Vorgehensweise nicht nur kundenorientiert, sondern auch ein gewisses Maß an Kosteneinsparung bringt.

Hier ist es nun das Alleinstellungsmerkmal und der Vorteil, den der Bewerber dem Unternehmen bietet. Im Prinzip ist es ganz einfach – das ist der Grund, warum ausgerechnet ich der Richtige für diese Position bin.

Im Internet präsentieren Sie, neben vielen nützlichen Informationen, die Eckpfeiler Ihrer Firmenphilosophie. Ehrlichkeit, Zuverlässigkeit und fachliche Kompetenz. Das breite Angebot Ihrer Speditionstätigkeiten wurde seit 2007 ständig um weitere attraktive Dienstleistungen, wie z.B. Single-Umzugs-Angebote, erweitert. Dies spricht mich an und macht mich neugierig auf das Unternehmen und die zugehörigen Menschen.

Hier hat man sich mit dem Unternehmen beschäftigt und zeigt dies auch sehr deutlich. Es wird klar, wie stark man sich jetzt schon mit der Firma und deren Angebot identifiziert.

Aufgrund meiner bisherigen Berufserfahrung und den oben beschrieben Fähigkeiten ist die zu besetzende Stelle für mich wie geschaffen. Ich bin belastbar und zuverlässig, Termine halte ich strikt ein und Loyalität wird bei mir großgeschrieben.

Termine einhalten und hinter der Firma stehen, auch wenn es hart kommt, welcher Chef wünscht sich das nicht?

Über eine Einladung zu einem Gespräch freue ich mich wirklich sehr.

Aufforderung zum Handeln.

Es grüßt Sie recht herzlich

An diesem Beispiel ist sehr gut zu erkennen, dass es keine Standardbewerbung geben kann. Eine Bewerbung ist immer ein individuelles Anschreiben. Derartige Anschreiben sind sehr selten, weil sie sehr viel Vorbereitung und Energie kosten.

Versetzen wir uns mal in die Lage eines Personalverantwortlichen. Können Sie sich noch an das Kapitel *Warum sind Personaler so, wie sie sind?* erinnern? Denken Sie sich nun in die Situation eines Personalers, der die Aufgabe hat, innerhalb kürzester Zeit eine Sekretärin für Bürokommunikation einzustellen. Mühevoll wurde mit dem Fachbereich ein Funktions- und Anforderungsprofil erstellt. Die Anzeigen in der Tageszeitung sind geschaltet und in den gängigen Internetportalen ist die Stelle ausgeschrieben. Bei Erstellung der Stellenbeschreibung wurde sehr viel Zeit investiert, schließlich sollen ja Menschen angesprochen werden, die dem Profil genau entsprechen. Der Zeitdruck ist groß und man hofft auf viele aussagekräftige Bewerbungen.

Gleich nach zwei Tagen landet folgendes Anschreiben auf dem Tisch der Personalabteilung. Als Personaler werden Sie nun versuchen, einen Abgleich des von Ihnen erstellten Funktions- und Anforderungsprofils im Anschreiben des Bewerbers durchzuführen.

Maria Mustermann
Musterstr. 10

1010 Musterstadt
Tel: 01 / 101 101 10
Email: mustermann@muster.at

Firma
Mustertransport
z. Hd. Musterfrau
Musterstr. 110

1010 Musterstadt

Musterstadt, 00.00.2011

Betr.: Bewerbung um die Stelle als Kauffrau für Bürokommunikation

Sehr geehrte Damen und Herren,

hiermit bewerbe ich mich auf die Anzeige vom 00.00.0000 im Mustertageblatt.

Der in der Anzeige angesprochene Aufgabenbereich entspricht dem, was ich bisher gemacht habe.

Durch meine langjährige Tätigkeit bei der Firma Maier & Sohn habe ich, glaube ich zumindest, durch meine wechselnden Aufgaben zahlreiche Kenntnisse vermittelt bekommen.

Ich würde mich über eine Einladung zu einem Vorstellungsgespräch, bei dem wir nähere Einzelheiten persönlich besprechen können, sehr freuen.

Hochachtungsvoll

Karin Karsten

Sie wissen genau, dass dieses Anschreiben mindestens zwanzig andere Unternehmen bekommen haben. Können Sie sich vorstellen, mit dieser Person, so wie sie sich in dem Anschreiben darstellt, bei einem Großauftrag gemeinsam auch mal Überstunden zu machen? Glauben Sie, dass diese Person sich im Interesse des Unternehmens weiterbildet und sich mit dem Geschäft verbunden fühlt?

Stellen Sie sich folgende Situation vor:

Sie sind im Urlaub auf den Malediven und möchten sich Ihren lang ersehnten Traum nun endlich erfüllen. In den letzten Jahren haben Sie sich dafür jeglichen Luxus verkniffen und den Gürtel richtig eng geschnallt. Nun möchten Sie endlich, zusammen mit Ihrem Partner und einem Tauchlehrer, einen Tauchgang zu einer Haifischfütterung machen. Da dieses Unternehmen nicht ungefährlich ist, sehen Sie sich verschiedene Tauchschulen an.

Gemeinsam besuchen Sie Tauchschule A:

Sie betreten das Gebäude, die Tür knarrt beim Öffnen ein wenig. Als Sie an dem Tresen stehen, müssen Sie circa zehn Minuten warten, dann kommt endlich der Tauchguide. Gelangweilt legt er

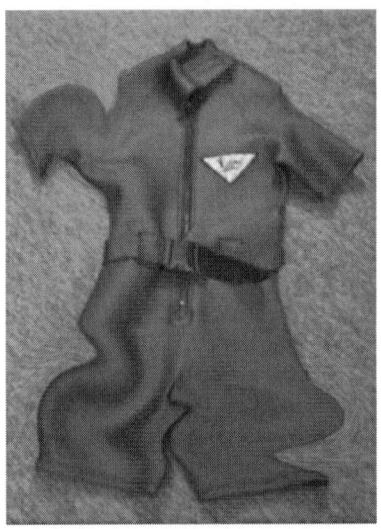

Ihnen das Programm vor und sieht dabei immer wieder in den Fernseher, auf dem ein Fußballspiel läuft. Es gibt drei Tauchtouren, die Sie buchen können. Die Touren unterscheiden sich lediglich in der Dauer. Auf Nachfrage erzählt Ihnen der Guide, während er den Blick nicht vom Fernseher nimmt, dass Haifische füttern eben Glücksache ist. Eine Garantie, die Tiere zu sehen, gibt es nicht. Als Sie das Gebäude verlassen, stolpern Sie über einen Taucheranzug, der eindeutig schon bessere Zeiten gesehen hat.

Sie besuchen Tauchschule B:

Auch hier müssen Sie warten, aber schon nach fünf Minuten sehen Sie den Grund. Plötzlich kommt ein Schnellboot an den Strand mit vielen glücklichen Menschen an Bord, die nur ein Thema haben: „Was für ein tolles Erlebnis diese Haifischfütterung war." Lachend kommt der Tauchguide auf Sie zu und fragt Sie erst einmal fachkundig nach Ihrer Taucherfahrung. Er erzählt Ihnen, dass es eine sogenannte *Hai-Garantie* gibt und er natürlich genau weiß, wo sich die Stellen befinden, an denen sich die Tiere gerne tummeln. Allerdings herrscht bei seinen Aktionen *Safety first* und die Kunden erhalten vorab eine theoretische Einweisung, welche natürlich im Preis inbegriffen ist.

Bei welcher Tauchschule werden Sie jetzt buchen? Ich kenne die Antwort! Und genauso geht es einem Unternehmer, wenn er einen speziellen Guide (Mitarbeiter) für sein Unternehmen oder seine Abteilung sucht.

Lassen Sie uns das Anschreiben analysieren.

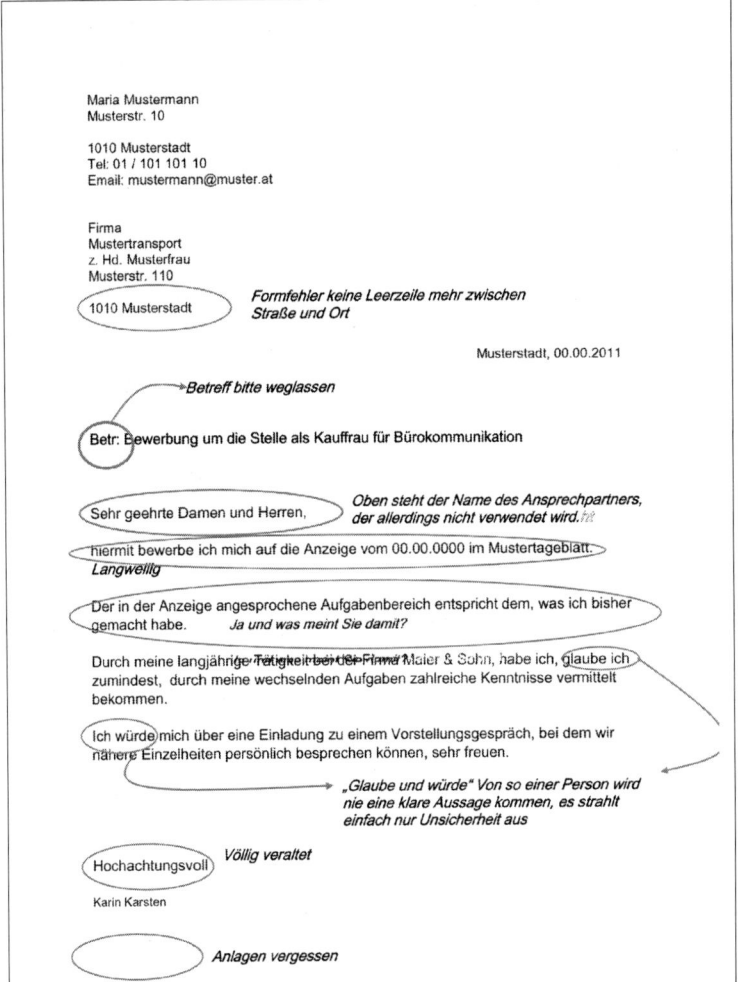

Maria Mustermann
Musterstr. 10

1010 Musterstadt
Tel: 01 / 101 101 10
Email: mustermann@muster.at

Firma
Mustertransport
z. Hd. Musterfrau
Musterstr. 110

1010 Musterstadt — *Formfehler keine Leerzeile mehr zwischen Straße und Ort*

Musterstadt, 00.00.2011

Betreff bitte weglassen

Betr: Bewerbung um die Stelle als Kauffrau für Bürokommunikation

Sehr geehrte Damen und Herren, — *Oben steht der Name des Ansprechpartners, der allerdings nicht verwendet wird.*

hiermit bewerbe ich mich auf die Anzeige vom 00.00.0000 im Mustertageblatt.
Langweilig

Der in der Anzeige angesprochene Aufgabenbereich entspricht dem, was ich bisher gemacht habe. *Ja und was meint Sie damit?*

Durch meine langjährige Tätigkeit bei der Firma Maier & Sohn, habe ich, glaube ich, zumindest, durch meine wechselnden Aufgaben zahlreiche Kenntnisse vermittelt bekommen.

Ich würde mich über eine Einladung zu einem Vorstellungsgespräch, bei dem wir nähere Einzelheiten persönlich besprechen können, sehr freuen.

„Glaube und würde" Von so einer Person wird nie eine klare Aussage kommen, es strahlt einfach nur Unsicherheit aus

Hochachtungsvoll *Völlig veraltet*

Karin Karsten

Anlagen vergessen

Ist das nicht erschreckend? Wie fühlen sich Personalverantwortliche da? Während die einen aus dem Anschreiben einen schicken Papierflieger falten, um der üppigen Praktikantin zu imponieren, stellt man beim Kollegen manisch depressive Verhaltensweisen fest. Sie sehen die investierte Zeit und das Geld, das bereits drauf gegangen ist, und fangen an, nur noch Blues Musik zu hören oder lesen Groschenromane Marke Heimatmelodie, um sich in eine Welt zu flüchten, in der noch alles in Ordnung scheint. Ich sehe ein Areal voll mit verhaltensgestörten Personalmitarbeitern und deren Chefs, die den Glauben an Bewerber verloren haben. Mit leerem Blick laufen sie durch endlos weiße Gänge und brabbeln immer Sätze wie „Hiermit bewerbe ich mich auf die ..." oder „Würde ich mich freuen, wenn Sie mich einladen ...". Ersparen Sie es diesen Leuten, die es ja eh schon schwer genug haben, und zeigen Sie, was es heißt, sich gut zu verkaufen.

Es folgen noch weitere Beispiele für gelungene Anschreiben, die eben keine Standards darstellen. Die Logos im oberen Bereich sind kein Muss. Ich finde, dass sie auflockern und zeigen, dass man in der Lage ist, mit einem PC umzugehen. Einige Personaler halten dies für überflüssig, weil kein wirklicher Informationsgehalt erkennbar ist. Mir ist aber kein Fall bekannt, bei dem ein Bewerber aufgrund eines Logos nicht eingeladen wurde. Lassen Sie sich durch diese Vorlagen inspirieren und nutzen Sie die Chance, sich einmalig zu präsentieren. Lassen Sie sich den Spaß nicht entgehen.

B

Angela Bühr
Hundestr. 7
00002 Beibach

Tel.: 0000/666666
E-Mail: angela.buehr@googlemail.com

Klinik München
Herr Schülein
Paracstr. 30
11111 Altstadt

Beibach, 02.November 2010

Bewerbung als Empfangskraft
Referenznummer: 10000-1061804600-S

Sehr geehrte Herr Schülein,

diese Chance, mich bei Ihnen zu bewerben, möchte ich mir auf keinen Fall entgehen lassen. Entsprechen doch, die von Ihnen ausgeschriebenen Tätigkeiten und Anforderungen, genau meinen Fähigkeiten.

Derzeit bin ich bei der Fa. Profimaster als Sachbearbeiterin im Controlling /Rechungswesen tätig. Neben den Abrechnungen und der Rechnungserstellung, erledige ich auch alle anfallenden organisatorischen Aufgaben selbstständig und mit hoher Motivation.
Zudem erfülle ich auch noch die Aufgaben einer Geschäftsleitungssekretärin und bin daher mit den Abläufen in diesem Bereich nicht nur sehr gut vertraut, sondern habe diese Aufgabe leidenschaftlich verinnerlicht.

Zu meinen Stärken zählt ganz klar meine sozial-kommunikative Kompetenz. Ich kann mich sehr gut in die Situation der Patienten und deren Angehörigen hineinversetzen.

Dies ist eine Fähigkeit die mich bei der Klinik München zur Ihrer:

„**Direktorin des ersten Eindrucks**"

qualifiziert.

Eine Kompetenz, die in meiner derzeitigen Tätigkeit wenig gefordert wird und deren Einsatz, in Verbindung mit einem gewissen Organisationstalent, eine optimale Unterstützung Ihrer Prozesse darstellt.

Sind Sie jetzt neugierig geworden? Sehr gut, dann sollten wir bei einem persönlichen Gespräch alle weiteren Details besprechen.

Es grüßt Sie recht herzlich aus Beibach

[Unterschrift]

Anlagen

Claudia Meister
Beistr. 32
90491 Nürnberg

Tel. 0000-2455599

Firma Sportdidas
Herr Meier
Strasse
PLZ ORT   Nürnberg, 19. Juli 2011

Bewerbung um eine Praktikantenstelle im Bereich Marketing

Sehr geehrter Herr Meier,

angeregt durch unser Gespräch, aber auch gewecktes Interesse seitens des Tätigkeitsfeldes und Auftretens der Fa. SPORTIDAS, überreiche ich Ihnen meine Bewerbung um die Praktikantenstelle im Bereich Marketing.

Ich möchte meinen Einstieg ins Berufsleben interessant gestalten.
Sie als zukunftsorientiertes Unternehmen im Sportbereich bieten mir die Möglichkeit, meine großen Interessen „Sport und Lifestyle" in hervorragender Weise miteinander zu kombinieren.

Da mich der Bereich Marketing schon während des Studiums der Psychologie interessiert hat, besuche ich derzeit an der Bayerischen Akademie für Werbung und Marketing (BAW), die Fortbildung zur „Kommunikationsdesignerin mit Schwerpunkt visuelles Marketing". Hierbei kam ich zu der Überzeugung, dass die Sparte Marketing für meine berufliche Karriere die Richtige ist. Zudem habe ich erfahren, dass Sie genau in diesem Bereich für dieses Jahr eine Offensive planen. Aus meiner Ausbildung heraus sind diesbezüglich viele frische Ideen entstanden, die ich Ihnen sehr gerne vorstellen möchte.

Meine Stärken sehe ich in meiner Beharrlichkeit, ein einmal ins Auge gefasstes Ziel zu verfolgen. Jetzt brenne ich darauf, mit Ihnen gemeinsam vom Start weg dieses Ziel in einer neuen Bestzeit erreichen zu können. Durch meine analytische Vorgehensweise bin ich in der Lage, Gesamtzusammenhänge schnell zu erkennen, die richtigen Schlüsse daraus zu ziehen und sie in die Tat umzusetzen.

Als frühester Einsatztermin wäre vorzugsweise der Zeitraum ab Oktober 2011 für mich ideal.

Über eine Einladung, zu einem persönlichen Gespräch mit Ihnen, freue ich mich sehr.

Mit freundlichen Grüßen

[Unterschrift]

                                                                           Anlagen

Hans Meier
Berger Platz 5
00000 Siegen
Telefon: 0123/456789

Frommer Technologies GmbH & Co. KG
z.Hd. Frau Keil
Industriestraße 1-3
33333 Buchenbohl

Nürnberg, 13. April 2012

Bewerbung als Trainer Lean Management

Sehr geehrte Frau Keil,

vielen Dank für das äußerst nette und freundliche Gespräch mit Ihnen. Es passiert wirklich sehr selten, dass man sich beim Durchlesen einer Stellenbeschreibung gleich derart angesprochen fühlt, hier war es so.

Als Technischer Leiter der Firma Prosuc bin ich als Führungskraft mit Personalverantwortung für die Bereiche Experten, Dokumentations-Team und Schulung verantwortlich. Meine Hauptaufgabe ist hierbei, die bundesweite Sicherstellung einer professionellen Wissensvermittlung für 400 Mitarbeiter zu gewährleisten. Neben der Konzeption von internen und externen Schulungskonzepten liegt einer meiner Schwerpunkte bei der Entwicklung von Kennzahlensystemen zur Qualitätssicherung.

Derzeit bin ich als Teamleiter einer Task Force zur Kostenreduzierung der internen Geschäftsprozesse in einem Sonderprojekt tätig. Selbstverständlich kommen hier die Werkzeuge und Methoden von Six Sigma zum Einsatz. Neben der Analyse und Optimierung bestehender Prozesse, ist eine gewisse Nachhaltigkeit zur Überwachung der Ergebnisse unabdingbar. Dies deckt sich mit den von Ihnen beschriebenen Methoden nahezu komplett und ergibt in Kombination mit Sicherheit neue und spannende Lösungsstrategien.

Wenn Sie also auf der Suche nach einem Trainer sind, der in den Bereichen Controlling, Vertrieb und Technik gleichermaßen Erfahrung hat und der das Leiten von Workshops sowie die Moderation von Arbeitsgruppen aus einer tiefen inneren Überzeugung durchführt, dann freue ich mich über Ihre Einladung.

Es grüßt Sie recht herzlich aus der Nürnberg

Anlagen

81

Oft passiert es bei Personalverantwortlichen, dass sich bei ihnen aufgrund des Aufbaus und des Stils des Anschreibens bereits die ersten *Vorurteile* einstellen. So schrecken Anschreiben, die mit wenig Sorgfalt erstellt wurden, bereits ab und führen dazu, die gesamten Unterlagen in ein schlechtes Licht zu rücken. Für den Personaler gibt das Anschreiben Aufschlüsse über Ausdrucksweise und Auftreten des Bewerbers. Sie sind ständig bemüht, daraus Eigenschaften und Verhalten zu analysieren. Bei der Analyse des Anschreibens gehen diese Personen folgendermaßen vor:

Die Anzahl der Worte im Anschreiben gibt dem Personaler Aufschluss darüber, ob Sie ein wendiger intelligenter Zeitgenosse (großer Wortumfang) oder eher der unbeholfene, einseitige Bimbatsch (geringer Wortumfang) von nebenan sind.

Ihre Satzverbindungen lassen Sie, je nachdem, ob sie flüssig gestaltet sind, als wendigen, intelligenten Menschen, der abgeht wie ein lila Moped, erscheinen. Sind Ihre Satzverbindungen eher steif und unbeholfen, wird man Ihnen Unbeholfenheit und einen Mangel an Einfühlungsvermögen unterstellen.

Achten Sie zudem auf Ihren Ausdruck im Schreiben. Ein vorwiegend verbaler Stil lässt Sie lebendig, frisch und ungezwungen erscheinen. Schreiben Sie mehr im aktiven Stil, gelten Sie als energisch. Gestalten Sie Ihr Schreiben eher passiv, interpretiert man hier leicht eine abwartende, versachlichte Haltung des Bewerbers.

Beim Satzbau wirkt eine einfache Gestaltung als schlicht, direkt und unkompliziert. Während Sie mit langen Schachtelsätzen unbeholfen, verschroben und arrogant daherkommen.

Es geht darum, den Herzschlag der Personalverantwortlichen beim Lesen zu erhöhen. Dies gelingt Ihnen am besten mit kurzen knappen Sätzen. Es ist nicht immer einfach, diese Dynamik mittels Wörtern zu transportieren. Wie heißt es so schön *Denken ist ein auditiver Prozess,* d.h. wir kommunizieren mit der Stimme in unserem Kopf. Deshalb wird Ihr erster Entwurf eines Anschreibens mit sehr vielen Füllwörtern und verschachtelten Sätzen durchzogen sein. Das ist normal und beim Kontrolllesen werden Sie immer wieder nachschärfen. Lassen Sie auch einen guten Bekannten das Schreiben lesen und auf Rechtschreibfehler prüfen. Vier Augen sehen ja bekanntlich mehr als nur zwei.

Die Kurzanleitung für ein erfolgreiches Anschreiben:

Hier noch einige Tipps, damit aus dem Anschreiben keine Reißwolfbewerbung wird.

Stilregel 1 – Immer einfache Wörter, die auch trefflich sind:

☹ Zum gegenwärtigen Zeitpunkt

☺ „heute" oder „jetzt"

☹ Ich bin Key Accounter mit guten Fremdsprachenkenntnissen.

☺ Ich bin Key Accounter mit guten Englisch- und Spanisch-Kenntnissen

☹ Meine Tätigkeiten im Controlling

☺ Meine eigenverantwortlichen Tätigkeiten im Controlling

☹ In Ihrer Anzeige brachten Sie zum Ausdruck, dass Sie einen ...

☺ Sie suchen einen ...

☹ Mir wurde das Reklamationsmanagement übertragen.

☺ Ich habe das Reklamationsmanagement übernommen.

☹ Ich war mit der Erstellung von Daten für die Auftragsabwicklung befasst

☺ Ich habe die Statistik für die Auftragsabwicklung erstellt

Stilregel 2 – Vermeiden Sie den Konjunktiv:

🙁 Ich würde mich über eine Einladung sehr freuen.

🙂 Über eine Einladung freue ich mich sehr.

🙁 Ich könnte mich in die Abläufe sicher schnell einarbeiten.

🙂 Meine langjährige Erfahrung ermöglicht es mir, mich in neue Arbeitsbereiche schnell einzuarbeiten.

Durch den Konjunktiv wirken Sie übervorsichtig und unsicher. Wie kann von so einer Person je eine offene Meinung eingeholt werden?

Wenden Sie die AIDA-Regel an:

Nein, Sie sollen jetzt nicht auf die AIDA und vom Kapitänspatent des Schiff-Chefs Auszüge zitieren. Vielmehr bedeutet das Akronym *AIDA* die Bezeichnung eines Werbewirkungs-Prinzip. Es wurde 1898 von Elmo Lewis in einem Verkäufermarkt beschrieben. Das Modell enthält vier Phasen, welche der Kunde durchlaufen soll und die letztlich zu dessen Kaufentscheidung führen. Die vier Phasen werden als gleichberechtigt angesehen und finden auch heute noch in Werbestrategien und Verkaufsgesprächen ihren Anspruch. Das Akronym AIDA setzt sich aus den Anfangsbuchstaben der einzelnen Phasen zusammen. Das Anschreiben bauen Sie am besten nach der AIDA-Formel auf, die auch in der Werbung erfolgreich genutzt wird.

A = attention = Aufmerksamkeit erregen = der Leser geht in Lauerstellung. Der erste Satz muss sitzen, es geht darum, den Einstieg so ansprechend wie möglich zu gestalten.

I = interest = Interesse wecken = der Leser richtet sich auf, seine Pupillen weiten sich und seine linke Augenbraue formt sich anerkennend zu einem halben McDonald's M. Aktivieren Sie die richtigen Hirnregionen (z.B. den präfrontalen Cortex) des Lesers und wecken Sie dessen Neugier durch Fragen und interessante Behauptungen.

D = desire = Wunschbildung = der Leser beginnt leicht und unmerklich mit dem Kopf zustimmend zu nicken. Suggerieren Sie dem Leser, dass die Entscheidung schon gefallen ist.

A = action = zum Handeln auffordern = es startet die Bewegung der Hand in Richtung Telefon. Jetzt will man Sie kennenlernen und kann Ihnen hoffentlich nicht widerstehen.

Zum Abschluss des Kapitels hier einige verrückte Ideen, um auf sich aufmerksam zu machen. Diese Vorgehensweise ist nicht jedermanns Sache.

Oft landen diese witzigen Ideen im Papierkorb.

Manchmal aber eben nicht.

Gutschein

Gutschein für drei kostenlose Arbeitstage zur Probe bei

Fa. Ludwig

Dieser Gutschein ermächtigt Sie, mich für drei Tage zur Probe in Ihrem Unternehmen beschäftigen zu dürfen.

Hamburg, 16.08.2010

Ort, Datum

Musterfrau
Unterschrift

Sehr geehrte Damen und Herren!

Ich kann sehr gut verstehen, dass Sie sich im Moment Ihre leicht geröteten Augen massieren. Es ist wohl wieder einer dieser Tage, an dem Sie sich dem „lästigen Übel" Bewerbungen hingeben. Ich kann mir auch denken, dass Sie beim Öffnen der Bewerbung gelangweilt nach dem Anschreiben gefischt haben. Sie erwarten das gewohnte Standardanschreiben, wie man es wohl immer wieder im Herbst in der Bildzeitung findet, dazu noch einen Lamettalebenslauf, der nur so glitzert vor Wissen, Können und Interessen. Diese sachzwangreduzierten Stücke Papier begleiten Sie nun schon einige Zeit, und wenn Sie ehrlich sind, dann ist das Hören von Fahrstuhlmusik dagegen ein echter Nervenkrimi.

Ich will hier auch nicht groß den Dackel machen. Sicherlich bin ich nicht die schärfste Chilli am Strauch. Wenn ich aber bei jemanden vorbeigehe, der in Excel auf die Tasten hackt wie ein Huhn, das im Körnerrausch ist, bin ich immer bereit, eine Funktion oder ein kleines Makro zu spendieren, das dem Wahnsinn ein Ende bereitet. Ich erstelle Ihnen auch eine Power Point Präsentation zum Thema „Das Leben ist kein Ponyschlecken und erst recht kein Zuckerhof"

Natürlich können Sie nun aus der Bewerbung ein kleines Schiffchen basteln und es am nächsten Bach auf die Reise schicken. Aus vielen Bewerbungen wird erwiesenermaßen ja nichts und die armen bewerbenden Kreaturen bekommen eine Absage, aus meiner Bewerbung wird dann wenigstes ein Schiffchen. Da Sie aber noch immer am Lesen dieses Anschreibens sind, gehe ich davon aus, dass es Sie zumindest amüsiert, was Sie hier lesen.

Dabei sollten Sie eines auf keinen Fall vergessen: Ja, ich bin auf der Suche nach einem Ausbildungsplatz. Im Gegensatz zu vielen anderen spiele ich Ihnen nichts vor, und wenn ich sehe, dass Aufgaben zu erledigen sind, bin ich der Letzte, der nicht mit anpackt.

Jetzt liegt es an Ihnen – Schiffchen oder Einladung?
Mit freundlichen Grüßen

Bitte stellen Sie mich nicht ein, wenn ...

- Sie es nicht wünschen, morgens mit einem netten Lächeln begrüßt zu werden.

- es Ihnen egal ist, hin und wieder einen Termin zu versäumen, weil niemand da ist, der Sie charmant darauf hinweist.

- Fachkompetenz bei Ihnen keine Rolle spielt.

- Ihnen Zuverlässigkeit egal ist.

- Loyalität bei Ihnen ganz unten angesiedelt ist.

- Sie sich einfach nicht trauen, etwas Neues zu probieren.

- Für Sie Humor und Motivation keine Verbindung darstellt.

- Es Ihnen egal ist, dass der Kaffee jeden Tag anders schmeckt.

- Sie glauben, dass eine nette Telefonstimme Ihrem Unternehmen nicht guttut.

Shorties kurz und knapp:

Das Anschreiben liegt lose bei und ist nicht ein Teil der Bewerbungsmappe. Das Anschreiben darf eine DIN-A4 Seite nicht überschreiten.

Der Briefkopf ist dezent gestaltet und vollständig. Achten Sie darauf, dass Ihre Telefonnummer und eine diskrete Mailadresse angegeben sind.

Die Betreffzeile muss klar ausdrücken, um was es geht. (Den Begriff „Betreff" dabei unbedingt weglassen)

Finden Sie Ihren Ansprechpartner heraus (evtl. vorheriges Telefonat) und schreiben Sie ihn direkt an.

Formulieren Sie klar, flüssig und trefflich. Verwenden Sie einfache Wörter.

Achten Sie auf eine ausreichend übersichtliche Schriftgröße.

Finden Sie einen knackigen Einstieg. Der Bezug auf das geführte Telefonat bietet sich hier an.

Erklären Sie, warum ausgerechnet Sie der oder die Richtige für die ausgeschriebene Stelle sind. Sie sind der Problemlöser. (Recherchieren Sie vorher sorgfältig)

Achten Sie auf die AIDA-Formel und vergessen Sie die Anlage nicht.

Je größer das Unternehmen, umso wichtiger ist es, auf Verschnörkelungen zu verzichten. Große Unternehmen interessiert nur der Informationsgehalt. Bei kleineren Betrieben kann man sich damit allerdings aus der Masse abheben.

Deckblatt:

„Wie?", werden Sie jetzt empört ausrufen. „Warum kann der jetzt die Reihenfolge nicht einhalten?" Ja aber das mach ich doch, ich halte genau die Reihenfolge ein, wie sie in der Unterlage auch vorliegen sollen. Das Anschreiben liegt lose im Kuvert und die Unterlagen, also Lebenslauf und Anhänge, sind in einem Ordner zusammengefasst. Ein Deckblatt ist nicht zwingend notwendig, dennoch ist es heute üblich, eines zu erstellen. Wir sollten aber das Deckblatt nicht als einen reinen Abdeckzettel verwenden, nur um eines zu haben. Das wirkt unprofessionell und nervt. Hier ist etwas Kreativität gefragt, indem wir das Design mit dem Nutzen verbinden. Mein Favorit ist hierbei eine strukturierte Aufteilung, die auf dem ersten Blick schon das Interesse des Personalchefs weckt. Sozusagen ein funktionales Deckblatt, bei dem ein tiefer „erster Eindruck" möglich ist. Nutzen Sie die Möglichkeit einer Bewerbungsvisitenkarte. Oft fehlt im Tagesgeschäft die Zeit, sich genauer mit den Unterlagen zu befassen.

Machen Sie es diesen Leuten leicht und helfen Sie ihnen bei der Entscheidung. Das freut den gestressten Personalverantwortlichen, so kann er im Vorbeigehen, während er mit einer Hand an seiner Nussschnecke knabbert und der anderen die Tasse mit dem „Bester Papa oder Mama der Welt"-Aufdruck seinen Mate-Tee kühl pustet, einen flüchtigen Blick riskieren. Im „best case" nuschelt er dann ein unverständliches „einladen" und sieht sich erst dann die Unterlagen genauer an, wenn Sie ihm oder ihr gegenübersitzen – Ziel erreicht.

Bewerbung

*Ein Deckblatt-Beispiel, das wirklich nur **ab-deckt**. Wie langweilig und keinerlei Funktion – somit völlig überflüssig. Der schwarze Strich sieht zudem aus, als wenn es sich hier um einen Trauerfall handelt.*

Persönliche Daten

geboren am 19.08.1970

in Musterstadt

Kenntnisse, Erfahrungen und Fähigkeiten

- ❖ Persönliche Betreuung und Beratung der Kunden
- ❖ Telefonakquise für Neukundengewinnung
- ❖ Telefonische Kundenbetreuung sowie Verkauf
- ❖ Aktive Unterstützung des Außendienstes sowie dessen Terminplanung
- ❖ Auftrags- und Angebotserfassung
- ❖ Inventurüberwachung

Maria Musterfrau
Musterstraße 4
00000 Musterstadt
Telefon: 0000/123456

Ein dezenter Briefkopf mit
allen notwendigen Daten.
Wichtig: Telefonnummer
angeben.

Persönliche Daten

geboren am 19.08.1970

in Musterstadt

Geburtsdatum und Geburtsort gleich
am Anfang, das ist übersichtlich und
wirkt professionell.

Beim Bild sollten Sie nicht sparen. Es
zahlt sich aus, einen professionellen
Fotografen aufzusuchen.

Kenntnisse, Erfahrungen und Fähigkeiten

❖ Persönliche Betreuung und Beratung der Kunden
❖ Telefonakquise für Neukundengewinnung
❖ Telefonische Kundenbetreuung sowie Verkauf
❖ Aktive Unterstützung des Außendienstes, sowie dessen Terminplanung
❖ Auftrags- und Angebotserfassung
❖ Inventurüberwachung

Hier wird gleich auf der ersten Seite
gezeigt, was man kann. Also die
übergeordneten Tätigkeiten gleich ins
rechte Licht gerückt.

Das Bewerberfoto:

Zum Thema Bewerberfoto möchte ich Sie auf ein kleines Experiment einladen. Sind Sie bereit? Okay, dann lassen Sie uns starten. Ich behaupte, dass es keine Sachentscheidungen gibt, letztendlich entscheidet immer das Gefühl.

Sie kennen bestimmt auch Menschen, die sehr stark betonen, dass ihre Entscheidungen auf einer sachlichen Ebene getroffen wurden. Das klingt beruhigend, wenn uns zum Beispiel Ingenieure erklären, dass Maßnahmen aufgrund statistischer und von Fachgremien rational entwickelter Vorgaben verabschiedet wurden und deshalb „genauso" durchgeführt werden müssen.

Aber gibt es nun wirklich reine Sachentscheidungen oder ist es letztendlich doch nur eine Bauchentscheidung?

Nehmen wir das Beispiel des Ingenieurs. Würden wir ihn nun auf die statistischen Vorgaben ansprechen, er würde uns antworten, dass sich die Maßgabe für die Entscheidung genau auf diesen statistischen Wert berufen, dessen Abweichung nicht mehr als 0,3 mm während einer Testphase von 36 Stunden nicht unterscheiden darf. Okay, sagen wir, aber wer hat denn diesen Wert nun festgelegt, dass es 36 Stunden betragen darf und nicht 32 Stunden? Nach einigen nachfragen und bohren, werden wir feststellen, dass ein Mensch dies so festgelegt hat, weil er sich mit dem Wert gut oder auf der sicheren Seite gefühlt hat. Was sagt uns das? Richtig, Bauchentscheidung.

Jetzt stellen Sie sich vor, Sie möchten einen Mitarbeiter einstellen. Nach der Ausschreibung bekommen Sie über fünfzig Bewerbungen auf den Tisch. Die Zeit lässt es nicht zu, dass Sie mehr als fünf Bewerber einladen. Es gilt nun zu entscheiden, wer in die engere Wahl kommt. Nach der Vorsortierung bleiben noch zehn Bewerbungen übrig. Sie sehen sich die Fotos an, dabei werden einige der Bewerber aussortiert. War das jetzt eine rationale oder eine Entscheidung nach Gefühl?

Sie haben nun noch fünf Bewerber, die Sie in die engere Wahl genommen haben und die Sie für fachlich qualifiziert halten. Der eine will etwas mehr Gehalt, ein anderer hat drei Monate Kündigungsfrist und kann somit erst etwas später anfangen. Kandidat Nummer drei findet keinen Gefallen bei Ihrem Team ... Im Nu haben Sie vier bis fünf Merkmale, die unterschiedlich gewertet werden. Wie entscheiden Sie nun, welcher Bewerber der Richtige ist? Derart komplexe Entscheidungen müssen emotional, also mit dem Gefühl vereinbar sein. Immer wenn die Datenlage nicht eindeutig ist, entscheidet Ihr Gefühl für Sie, d.h. um eine Entscheidung zu treffen, müssen Ihr Verstand und Ihr Gefühl „Ja" dazu sagen. Wobei die Stimme des Gefühls meiner Meinung nach die lautere ist. So wurden auch schon Bewerber, die für die ausgeschriebene Ausbildungsstelle denkbar ungeeignet waren, zum Vorstellungsgespräch eingeladen, nur weil dieser eine gewisse Ähnlichkeit mit dem Sohn aus erster Ehe des Geschäftsführers hatte.

Auf den Bewerbungsprozess übertragen könnte man auch sagen:

Verstand = Datenlage = Anschreiben, Lebenslauf, Zeugnisse

Gefühl = Bilder = Bewerberfoto

Immer wenn Bewerber in der fachlichen Qualifikation ähnlich sind, kommt das unbewusste, mächtige Gefühl ins Spiel und sagt dem Personalverantwortlichen oder dem Fachbereichsleiter, wer eingeladen wird und wer nicht. Es werden die Bilder begutachtet und danach die Entscheidung getroffen. Wie kann es dann sein, dass noch immer Urlaubsfotos oder Bilder vom Passbildautomaten am Hauptbahnhof eingesandt werden?

In Amerika hat das Thema Benachteiligung übrigens ganz andere Ausmaße angenommen. Bewerbungen werden hier ausschließlich ohne Bewerberfoto eingesandt, um eine mögliche Benachteiligung von vornherein zu unterbinden.
Nach dem allgemeinen Gleichstellungsgesetz (AGG) ist es auch

in Deutschland nicht notwendig, ein Bewerbungsbild den Unterlagen beizulegen. Ich kann Ihnen aus eigener Erfahrung raten, lieber eines mitzusenden. Ein Bewerberfoto ist wie bei einem vorgezogenen Treffen, es ist einfach Ihr ganz persönlicher erster Eindruck, den Sie hinterlassen.

Letztendlich will der Personaler ja doch „sehen", mit wem er es zu tun hat. Er wird dann mehr Bewerber einladen, was nicht gerade sehr kosten- und zeitsparend ist.

Hier noch einige Tipps, die Sie für ein gutes Bewerberfoto beachten sollten:

Wählen Sie die Kleidung der angestrebten Position entsprechend.
Jede Branche hat ihren eigenen Dresscode. Zur Bewerbung bei der Bank müssen Sie eben aussehen wie ein Bankier – Sitzt der Krawattenknoten?

Tragen Sie die Kleidung vorab Probe.

Gehen Sie ca. eine Woche vorher zum Friseur.

Bestellen Sie genügend Abzüge und lassen Sie sich die Fotos für Online Bewerbungen digital auf CD brennen. Last but not least: Lächeln Sie! Lächeln verbindet. Mit sympathischer und positiver Ausstrahlung gewinnen Sie Personalerherzen.
Und das kann Frau / Mann tatsächlich vor dem Spiegel, oder einem vertrauten Menschen, üben.

Es kommt auch auf die Perspektive an, da sollten Sie nicht locker lassen und beharrlich beim Fotografen einen weiteren Versuch einfordern wie Sie bei folgenden Bildern sehen können.

Fragen an den Fotografen:

Wie bzw. wie viel soll von mir auf dem Foto abgebildet sein? Fragen Sie Ihren Fotografen, was derzeit „in" ist. Am Besten Sie entscheiden sich für die Varianten Porträtfoto und Bild mit Oberkörper. Es lassen sich mit beiden Versionen erstaunliche Effekte erzielen.

Seien Sie experimentierfreudig und sagen dem Fotografen, wie Sie sich sehen. Wenn Sie mit dem Bild zeigen möchten, dass Sie auch bei sehr hohem Arbeitsvolumen in der Lage sind, den Überblick zu behalten und dabei noch Spaß haben, zeigen Sie es auf dem Foto. Das, in Kombination mit einem Anschreiben, welches perfekt dazu passt, macht gehörig Eindruck. Entgegen allen anderen Ratgebern empfehle ich folgende Vorgehensweise:

Lassen Sie Bilder von sich machen, die Sie in beiden Varianten zeigen. Um Geld zu sparen, verzichten Sie auf Abzüge und lassen sich die Bilder auf CD brennen. Mit wenigen Computerkenntnissen können Sie nun beginnen, die Bilder anzupassen. Wandeln Sie die Bilder in schwarz/weiß um und spielen Sie mit entsprechenden gewagten Ausschnitten. Das wirkt interessant und macht neugierig. Drucken Sie das Bild mit einem guten Tintenstrahldrucker nun auf das Deckblatt. Bei der Anzahl an Bewerbungen, die in der heutigen Zeit versandt werden müssen, ist das völlig ok. Zudem steigt die Anzahl der Onlinebewerbungen drastisch an und das Einscannen des Bildes haben Sie sich damit schon erspart.

Der Photoshop-Zombie-Effekt:

Digitale Faltenbügler nenne ich diese Art von Fotografen, die den Retuschepinsel (digitales Skalpell) nicht mehr aus der Hand legen können. Es ist einfach schön, hier und da noch mal drüber zu pinseln und *schwupps* ist das Kinn nicht mehr so lang, die Augenringe sind weg und man sieht einfach frischer und dynamischer aus. Damit wir uns nicht falsch verstehen, etwas Retusche ist ok, früher wurden beim Fotografen die Inge Meysel-Ansätze mit dem Make-up-Pad weggepudert.

Nur, was in manchen Hinterzimmern von Fotostudios an Kreaturen erschaffen wird, hat mit der Realität nichts mehr zu tun. Reden Sie deshalb mit dem Fotografen vorher darüber, zur Not soll er zwei bis drei Entwürfe machen. Wer sieht sich schon gerne als faltenloser Photoshop-Zombie auf einem Deckblatt? Abgesehen davon, dass Sie nicht mehr authentisch wirken, versetzen Sie sich mal in die Lage der Person, die Sie nur vom Deckblatt her kennt und eingeschätzt hat.

 **Das Bild im Original.** An der Stirn und im Wangenbereich glänzt die Schönheit noch ein wenig.

Das Bild mit Photoshop bearbeitet. Die glänzenden Stellen sind verschwunden und die natürliche Schönheit ist erhalten geblieben.

Ein „Photoshop-Zombie". Hier hat der Fotograf zu sehr mit dem Retuschepinsel gearbeitet. Das Gesicht ist ausdruckslos und verfälscht.

Eine Bearbeitung mit Photoshop ist immer sinnvoll, aber der Fotograf muss sich mit dem Programm auskennen. Lassen Sie sich bereits bearbeitete Bilder zeigen und scheuen Sie sich nicht, auch mal kritische Fragen zu stellen.

Shorties kurz und knapp:

Nutzen Sie die Vorteile eines intuitiven Deckblattes.

Seien Sie bei der Wahl eines geeigneten Fotografen kritisch. Lassen Sie sich einen Fotografen empfehlen oder nehmen Sie nur einen, der Erfahrung mit Bewerberfotos hat.

Welcher Dress Code ist in der Branche üblich?
Für Frauen gilt: Bluse und Jackett
Bei Männern: Hemd, Jackett und Krawatte
Damit liegen Sie zu 99 Prozent richtig.

Verzichten Sie auf übertriebenen Schmuck.

Lassen Sie sich vom Fotografen verschiedene Abzüge geben und fragen Sie Freunde und Bekannte, welches Bild am besten ankommt.

Lassen Sie sich nicht von übereifrigen Fotografen zum Photoshop-Zombie machen.

Achten Sie darauf, dass Sie die Bilder auch digital auf CD vom Fotografen bekommen.

Achten Sie auf die Gleichung:
Gefühl = Bilder = Bewerberfoto

Der Lebenslauf:

Hier ist es nun, bitte einen Tusch und nehmen Sie Haltung an. Achtung! Tata Tata Tata. Darf ich vorstellen, das Dokument, bei dem am häufigsten gelogen wird. Laut Statista (www.statista.de) sind die häufigsten Lügen im Lebenslauf:

Beschönigte Verantwortlichkeiten:	**33%**
Fähigkeiten:	**24%**
Beschäftigungsdaten:	**22%**
Ehemalige Arbeitgeber:	**9%**
Besuchte Schule; akademischer Grad:	**8%**

Das ist erst mal starker Tobak, die Konkurrenz lügt also und lässt es teilweise so richtig krachen. Gut, die Kunst ist es, den Spagat zwischen *sich ins rechte Licht zu rücken* und dem *kreativen Umgang mit der Wirklichkeit* zu schaffen. Denn man wird Ihnen auf den Zahn fühlen.

Wie können wir also nun ehrlich punkten? Zuerst mit der richtigen Gliederung und der entsprechenden grafischen Gestaltung des Dokumentes. Hier ist der tabellarische Lebenslauf die erste Wahl. Dabei wird der tabellarische Lebenslauf als zweispaltiger Lebenslauf verwendet. In die erste Spalte kommt die Zeitleiste und in die zweite Spalte die einzelnen Stationen des Arbeitslebens.

Für den Experten ist der Lebenslauf die geeignete Unterlage, um einen schnellen Überblick über Ihre geschäftliche Entwicklung zu erhalten. Des Weiteren wird er nach Lücken suchen, um diese anzusprechen und genau zu hinterfragen. Grundsätzlich wird eine Gegenüberstellung von Fakten und dahinterstehenden Persönlichkeitsaspekten erstellt. Bei der Analyse des Lebenslaufes achtet der Personaler auf folgende Merkmale:

Abschnitt im LL	Persönlichkeitsaspekte die sich dahinter verbergen
Beruflicher Werdegang	Weite des Erfolgs-Backgrounds und des Wissensspektrums
Ausbildungszeit/Studium	Höhe der Leistungsbereitschaft und Motivation Karriere zu machen
Praktika	Indikator für hohe Einsatzbereitschaft/ Engagement
Qualifikationen	Offen für neue Erfahrungen Kompetenzen

Bei der Analyse des Lebenslaufes achtet der Personaler auf folgende Merkmale:

- Sind im Lebenslauf Durchgängigkeit und eine stete Zielausrichtung erkennbar?

- Weist der Lebenslauf eine gewisse Beständigkeit (roter Faden) in der beruflichen Entwicklung auf?

- Ist die theoretische und berufspraktische Ausbildung ausgewogen?

- Passt der Bewerber für die angebotene Position?

- Sind Lücken im Zeitablauf, falls ja wie sind diese entstanden?

- In welcher Position befand sich der Bewerber bisher?

- Über welche Kompetenzen und Erfahrungen verfügt der Bewerber?

- Ist der Bewerber flexibel, oder ist sein Werdegang eher steif beamtenhaft?

- Ist ein kontinuierlicher Aufstieg auf der Karriereleiter zu verzeichnen?

- wie lange ist die durchschnittliche Beschäftigungszeit bei den alten Arbeitgebern gewesen?

- Abgleich Zeitangaben von Zeugnissen und Lebenslauf, stimmen diese überein?

- Welches Ansehen haben die bisherigen Unternehmen des Bewerbers und vor allem in welcher Branche sind diese tätig?

- Inwieweit Ist der Bewerber mobil?

Ganz schön heftig, was Personalverantwortliche aus dem Fetzen Papier herauslesen können, finden Sie nicht auch? Genau aus dem Grund sollten Sie bei der Gestaltung auf verrückte Varianten verzichten. Sie kommen dadurch zu leicht als unseriös beim Leser an und die Unterlage wird mit einem verächtlichen Grinsen auf die Seite gelegt. Der Lebenslauf wird häufig unterschätzt als ergänzendes Dokument, das halt notwendig ist. Gut, wir wissen es nun besser, neben dem Anschreiben ist es **das** zentrale Hauptdokument Ihrer Bewerbungsunterlagen.

Wie baut man einen Lebenslauf nun auf?

Die persönlichen Daten gliedern sich in Name, Vorname – sofern diese nicht als Überschrift verwendet werden. Hinzu kommen noch Anschrift, Telefonnummer und E-Mail-Adresse sowie Geburtsdatum und Geburtsort.

Bei den Angaben wie Familienstand und Staatsangehörigkeit ist man geteilter Meinung. Die einen sagen Ja, andere sagen wieder, dass man sie am besten weglassen sollte. Ich empfehle der Vollständigkeit halber, beides mit anzugeben. Bei Frauen kann dies sogar von großem Vorteil sein. Wenn eine Frau verheiratet ist und bereits Kinder hat, die aus dem Gröbsten sind, ist es für den Personaler ein sichereres Zeichen, dass eine gewisse Beständigkeit ins Leben eingekehrt ist. Gegenüber einer anderen Bewerberin, die gerade mal Anfang 20 und ledig ist, kann das von Vorteil sein. Zu oft stellt man sich dann die Kinderfrage und wird unsicher. Dem aufmerksamen Leser ist sicher nicht entgangen, dass nun Name, Anschrift und Geburtsdatum sowohl auf dem Deckblatt als auch auf dem Lebenslauf vorhanden sind. Das kann auch so bleiben, ersparen wir dem Leser das häufige Blättern.

Bei der Ausbildung unterscheiden wir zwischen den Sparten *Schulbildung* und *Berufsausbildung*. Die Angaben erfolgen mit der letztbesuchten (aktuellsten) Schule zuerst und fahren dann absteigend mit der Auflistung fort. Hierbei ist es wichtig, dass Sie die genauen Bezeichnungen Ihrer Schul-, Studien- und Ausbildungs-schlüssel angeben. Je größer der zeitliche Abstand wird, desto weniger notwendig ist es, entsprechende Informationen anzugeben.

Bei der Berufsausbildung verfahren Sie im gleichen Stil. Im Bereich „Berufliche Entwicklung (Werdegang ist „old school" und das lassen wir lieber) konzentrieren Sie sich auf Ihre beruflichen Stationen. Geben Sie hier immer Datum, Position, Unternehmen und Ort an. Bei einer beruflichen Weiterentwicklung innerhalb eines Unternehmens fassen Sie diese zusammen. Hier ist es nicht notwendig, das gleiche Unternehmen immer wieder aufzuführen. Versäumen Sie nicht, ergänzende Informationen zu Position, Befugnissen, Verbesserungen und Budgetbefugnis anzugeben. Wo haben Sie Verbesserungen erzielt, Kosten gespart oder die Produktion gesteigert? Dann sind das genau diese Angaben, die in den beschreibenden Lebenslauf gehören. Die Beschreibung erfolgt in einer stichwortartigen Aufzählung.

Januar 2004 – August 2010	Leiter Insel- und Einzelsysteme IPV - Solar
	❖ Verantwortungsbereich: Produktion, Logistik und Service
	❖ Umsatz: ca. 33 Mio. Euro
	❖ Budget: 3,8 Mio. Euro
	❖ 15 Mitarbeiter (disziplinarisch unterstellt)
	❖ Leiter einer Taskforce zur Ermittlung von Einsparpotenzialen innerhalb der Produktion bei gleichzeitiger Reduzierung der Fertigungskomplexität
	❖ Einsparpotenzial ca. 3,2 Mio. Euro

Und jetzt die schlechte Nachricht: Da die Anforderungen der Stellenangebote natürlich unterschiedlich sind, dürfen wir den Lebenslauf auch immer wieder neu anpassen. Der große Vorteil dabei ist, die wenigsten Bewerber wissen das und somit steigen Ihre Chancen enorm, wenn Ihr Lebenslauf der ausgeschriebenen Stelle angepasst wird. Zumal der Personalentscheider ab hier nicht mehr zuordnen kann, ob das Teil nun angepasst wurde oder Sie wirklich für die Stelle wie geschaffen sind.

Ein Beispiel:

Neulich bei der Kontaktbörse: Nehmen wir an, Sie befinden sich auf Partnersuche und studieren die Suchanzeigen der möglichen Kandidaten in einem Internetportal. Das Angebot ist groß, und da Sie sich längere Zeit binden möchten, sind Sie natürlich kritisch und versuchen, sich ein Bild von der Person zu machen. Sie möchten sich vorstellen können, um wen es geht, und lesen mit gemischten Gefühlen die Anzeigen.

Ich, wbl. 33 Jahre alt und unternehmungslustig, suche einen Mann. Ich bin schlank, groß und habe braunes Haar. Meine Hobbies sind vielfältig und ich lache gerne. Wenn du meine Interessen teilst, würde ich mich über ein Zeichen von dir freuen.

Ich, wbl. 33 Jahre jung und immer auf Achse, suche Dich. Ich bin 168 cm groß und wiege 54 kg. Ich trage meine braunen Haare am liebsten offen und liebe es, wenn der Wind beim Radfahren damit spielt. Zu meinen Hobbys gehören Tennis spielen sowie Bücher von Dan Brown und Ken Follett. Meine Freizeit verbringe ich am liebsten mit meinem Schäferhund. Du solltest in meinem Alter und ebenfalls ein sportlicher Typ sein. Humor ist mir in einer Partnerschaft sehr wichtig. Gerne würde ich mit dir auch Fernreisen nach Australien unternehmen.

Bei welcher der beiden Frauen wissen Sie wohl besser, woran Sie sind? Ich will es mal vorsichtig formulieren: Bei der zweiten Anzeige wird kaum der Erwin als aktiver Passiv-Sportler, der noch dazu eine Hundephobie hat und am liebsten im bayerischen Wald seinen Urlaub verbringt, freudig sein Interesse bekunden.

Weiterbildung:

Zu diesem Punkt gehört alles, was Sie für diese Stelle qualifiziert. Kurse ohne speziellen Abschluss wie Wochenendseminare oder Maßnahmen mit geringem Nutzen, die keinen direkten Bezug zur ausgeschriebenen Stelle darstellen, lassen Sie lieber weg. Dies gilt auch für Kurse, die älter als fünf Jahre sind. Und sofern es sich um Kurse zum Erlernen veralteter Software usw. handelt – einfach weglassen.

Handelt sich um Kurse mit anerkanntem bzw. im Bereich bekanntem Abschluss gehört er mit Lehrgangsbezeichnung, Ort und Bezeichnung des Abschlusses in jedem Fall entsprechend aufgeführt. Des Weiteren können Themen aufgeführt werden, zu denen Sie eine besondere Affinität haben und die in leichter Beziehung zu der Stelle stehen. Halten Sie Vorträge im Museum zu bestimmten Themen? Besuchen Sie regelmäßig Konferenzen oder Messen zu einem bestimmten Thema? Sind Sie ehrenamtlich engagiert und geben Nachhilfe bei bestimmten Institutionen? Wenn ja, sollten Sie dies ruhig in das Thema Weiterbildung mit einfließen lassen. Es versteht sich von selbst, dass politische Gesinnungen in diesem Zusammenhang nichts verloren haben.

Zusatzqualifikationen:

Hier gehören Ihre Sprachkenntnisse, Auslandsaufenthalte und EDV-Kenntnisse hin. Entgegen allen sonstigen Ratgebern empfehle ich auch das hineinzupacken, was nicht im direkten Zusammenhang mit der Stellenausschreibung steht. Es soll damit dokumentiert werden, dass Sie sich permanent weitergebildet haben und auch weiterhin bereit sind, hinzuzulernen.

Sie schließen den Lebenslauf mit Ort, Datum und Ihrer Unterschrift ab. Lesen Sie sich das Dokument nochmals durch, achten Sie auf den *roten Faden*. Ist eine permanente Weiterentwicklung, zumindest aber eine Kontinuität erkennbar? Seien Sie auch darauf gefasst, dass der Personalentscheider den Lebenslauf hernimmt, um im Gespräch entsprechende Fragen zu stellen. Hier ist Ehrlichkeit ein Muss.

Was tun bei Lücken im Lebenslauf?:

Es kommt nun mal vor, dass man einige Lücken im Lebenslauf hat. Wie geht man damit im Lebenslauf um? Klar ist, dass sich der Personalentscheider sofort auf die Lücken stürzen wird. Da hilft es auch nichts, wenn Sie mal schnell nur die Jahreszahlen angeben, um das Teil durchgängig zu machen. Das regt noch mehr den Verdacht, dass man hier versucht, etwas zu vertuschen.

Wenn Sie sich ein halbes Jahr Auszeit in Spanien genommen haben, ist das okay. Versuchen Sie dies aber als eine Sprachreise zu deklarieren, wird man Ihnen mit der Frage nach dem Diplom auf die Schliche kommen. Eine Lüge, in welcher Form auch immer, ist ein absolutes Killerkriterium. Egal wie gut Sie bisher schon überzeugt haben, Sie sind raus.

Besser ist es da, wenn man zu dem steht, was war und es positiv darstellt, ohne das Spiel mit dem *kreativen Umgang der Wirklichkeit* zu treiben. Nehmen wir noch einmal das Beispiel mit der Auszeit in Spanien auf. Sie können hier aufzeigen, wie selbstständig Sie sich in dem halben Jahr gegeben haben.

Wenn Sie in einem bestimmten Zeitraum arbeitsuchend waren, so ist das auch kein Beinbruch. Es empfiehlt sich, hier aber eine Fortbildung in den Vordergrund zu stellen. Es gibt auch Bewerber, die ihre Arbeitslosigkeit nicht als *arbeitssuchend* deklarieren, sondern als eigens auferlegtes Sabbatical, eine Auszeit, um zu regenerieren. Die Auszeit kann für Weiterbildungen, Umschulungen, Reisen oder Neuorientierung genutzt werden. Dies zeugt von hoher Eigenverantwortung und hat dem einen oder anderen Bewerber zu einer Stelle verholfen. Was haben Sie zu verlieren? Wichtig ist, dass Sie bei der Wahrheit bleiben. Wie Sie Dinge darstellen, ist wieder ein anderes Thema. Vertuschungen sind ein absolutes Tabu.

Persönliches

Name	Martina Martinsen
Wohnort	Mollenweg. 90 12222 Neudorf
Telefon, E-Mail	0233 / 655555, Martina.Martinsen@googlemail.com
Geburtsdatum, -ort	03. Januar 1980, Hamburg
Staatsangehörigkeit	deutsch
Familienstand	ledig

Berufliche Weiterentwicklung

09/2008 bis jetzt   UniCredit Nürnberg:

Marketing Kommunikation/Werbung
Printmedien: Anzeigen, Flyer, Gutscheine, Formulare
Abwicklung Mailing-Aktionen
Organisation und Durchführung von Events und Ausstellungen
Erstellung Veranstaltungskonzepte

09/2006 – 07/2008   Firmen AG e-commerce solutions:

Sales/Marketing
Organisation Veranstaltungen (Kunden-/Messeveranstaltungen, Schulungen); Messen, komplette Abwicklung Mailings, Homepage (Pflege Inter-/Intranet)

Vertriebsunterstützung
Korrespondenz, Angebots-/Vertragserstellung, Pflege CRM-System, Organisation Dienstreisen, Kundenbetreuung, Außentermine, Kundenpräsentationen

11/2005 – 07/2006   The Past Nordost; Umwelt-, Tourismus- u. Regionalberatung:

Projektmanagement
Qualitätsmanagement im Großwersa, Qualitätsberatung in Hotellerie, Gastronomie und Handel.

Sonstige Aufgabenbereiche
Service-Initiative Bayerischer Wald: Organisation und Durchführung von Service-Seminaren und Fachexkursionen. Durchführung von Gemeinde- und Betriebs-Checks (Hotellerie).

107

Studium/Ausbildung

10/2002 – 10/2005	Studium zur Dipl.- Betriebswirtin (BA) im Fachbereich Destinations- und Kurortemanagement an der Berufsakademie Reutlingen; Praktische Ausbildung bei der Vorderratzen Schmalnau Tourismus GmbH
Diplomarbeit:	„Das Reiseverhalten und die Urlaubserwartungen der Gäste in Vorderratzen 2005: Bestandsanalyse und vergleichende Betrachtungen."
09/1997 - 06/2000	Wirtschaftsgymnasium Saarbrücken

Praktika/Auslands-Erfahrungen

02/2002 – 09/2002	Praktikum Vorderratzen Tourismus GmbH
07/2000 – 08/2001	Au-Pair-Aufenthalt in USA, Florida, Miami Beach

Weiterbildung

02/2005	Rhetorik-Seminar an der BA Tübingen
07/2004	Ausbildungseignungsprüfung der IHK

Zusatzqualifikation

EDV	MS-Office: Word, Excel, PowerPoint, Outlook
Sprachen	Englisch: fließend in Wort und Schrift

Freizeit

Aerobic, Joggen, Lesen, Reisen

München, 21.06.2011

LEBENSLAUF

Andreas Siegherr
Friedrich-Holle-Str.121, 00000 Passau
Tel.:(0000) 00000
Mobil: (0000) 000000

PERSÖNLICHE DATEN

Geburtstag: 20.08.1976
Geburtsort: Passau
Familienstand: ledig

BERUFSERFAHRUNG

05/ 06 – 06/ 06   **ABC GmbH, Passau**
Lagerist

07/99 - 06/ 00   **Sommle Schuh GmbH, Passau**
Geselle als Handelsfachpacker

08/97 – 07/99   **Grube Sportartikel GmbH, Passau**
Handelsfachpacker

BERUFSAUSBILDUNG

08/ 97 – 07/ 99   **Sommle Schuh GmbH, Passau**
Ausbildung zum Handelsfachpacker mit Abschluss,
am 13.07.99

PRAKTIKA

11/96 – 12/97   **Sommle Schuh GmbH, Passau**
Lagerist, Verkauf, Büro

05/97 – 07/96   **Kompa Sportartikel GmbH, Passau**
Verpacker, Verkauf, Büro

SCHULISCHE AUSBILDUNG

1997 – 1999	Kaufmännische Lehranstalten (KLA), Passau Berufsschule
1995 – 1996	Hauptberufsfachschule, Passau Abschluss: Hauptschule
1986 – 1995	Sonderschule, Passau
1983 – 1986	Grundschule, Passau

WEITERBILDUNG

09/06 – 09/06	**Industrie und Handelskammer**, Passau Bewerbungstraining (04.- 15.09.06)
04/97 – 07/97	**Bildungszentrum der Stadt Passau** Lehrgang zur Verbesserung beruflicher Bildungs- und Eingliederungschancen (BBE)

PC-KENNTNISSE

- Grundkenntnisse Word (Windows XP), Internetanwendungen

HOBBIES

- Musik, Lesen, Fußball

Passau, den 6. September 2011

Shorties kurz und knapp:

Strukturieren Sie Ihren Lebenslauf durch die Verwendung von Abschnitten und Hervorhebungen.

Bleiben Sie bei der Wahrheit, vor allem übertrieben Sie bei Verantwortlichkeiten nicht und achten Sie auf lückenlose Angaben.

Angaben über Geschwister, Religion und Mitgliedschaften in bestimmten Vereinen, sofern sie nicht nützlich sind, lassen Sie weg.

Die Daten im Lebenslauf werden von oben (aktuellstes Datum) nach unten aufgelistet.

Vergessen Sie nicht, Ihren Lebenslauf zu unterschreiben.

Die dritte Seite:

Da ist sie nun, die *Rolex* der Bewerbungsunterlagen unter der Rubrik *Was Sie sonst noch von mir wissen sollten*. Warum ist es die Rolex? Weil Sie dieses Tool nur dann einsetzen sollten, wenn Sie sich das auch wirklich leisten können. Ansonsten laufen Sie durch die Gegend wie ein Angeber mit einem billigen Rolex-Imitat.

Ein Beispiel:

Sie sind auf einer Party eingeladen, alles ist entspannt und jeder hat sein Grüppchen gefunden, bei dem er sich wohlfühlt und gelassen plaudern kann. Plötzlich klingelt es an der Tür, der ehemalige Schulfreund des Gastgebers kommt herein. Er trägt eine leichte Leinenhose in den aktuellen Pastelltönen und hat seinen gelben Pullover mit V-Ausschnitt locker um die Schulter gelegt. Seine Solariumbräune geht eine merkwürdige Symbiose mit dem protzigen Goldschmuck und den weißen Socken ein. Nach 15 Minuten ist die Party nicht mehr so, wie sie noch kurz zuvor war. Fast alle Gäste hängen an den Lippen des Schulfreundes und hören zu, wie er großspurig über seinen letzten Segeltörn in der Karibik erzählt. Einige Wortfetzen bekommen Sie mit, dabei fällt Ihnen auf, wie *Mr. Coolman* ständig Backbord mit Steuerbord verwechselt. Das weckt Ihr Interesse, Sie hören genauer hin und stellen die eine oder andere Frage. Nach drei Minuten wissen Sie, dass Sie es mit einem Blender zu tun haben. Hier versucht jemand mehr zu sein, als er in Wirklichkeit ist. Der Abend hätte auch anders verlaufen können. Irgendwann hätte jemand gesagt: „Hey Leute, Malte ist wieder aus der Karibik zurück, er war dort auf einem Segeltörn." Bestimmt wären Leute auf ihn zugegangen und Malte hätte brav Fragen beantwortet. Der Unterschied ist einfach der, dass man eben nicht mit einem falschen Aushängeschild auf der Brust umherlaufen sollte. Oder mit einem schlechten Rolex-Imitat.

Versetzen wir uns wieder in die Lage eines Personalentscheiders. Was mag so ein Mensch denken, wenn er eine *Standard-Dritte-Seite* liest? Lassen Sie uns in seine Gedanken hineinsehen.

Das sollten Sie über mich wissen ...

... über meine Persönlichkeit

Von meinen Bekannten und Freunden werde ich als aufgeschlossen und kommunikationsfreudig eingeschätzt. Es macht mir großen Spaß, mit Menschen umzugehen, meine Freunde bezeichnen mich stets als hilfsbereit und verlässlich. Des Weiteren ist Loyalität für mich ein sehr bedeutendes Attribut. Dies beziehe ich nicht nur auf meine guten Freunde, zu denen ich immer Kontakt halte, sondern auch auf mein Engagement in der Fußballmannschaft. Während meiner Ausbildung und meinen letzten Arbeitsplätzen habe ich mir betriebswirtschaftliches Denken angeeignet und auch unternehmerisches Handeln ist mir nicht unbekannt.

... über meine Arbeitseinstellung

Eigenverantwortliches, selbstständiges Handeln in Verbindung mit einem vervollkommnenden Wissensaustausch eines Teams sowie permanente Bereitschaft zum Weiterlernen kennzeichnen wichtige Aspekte meiner Arbeitshaltung.

... über meine Interessen

In meiner Freizeit spielt Sport eine gewichtige Rolle: Ich spiele aktiv in einer Fußballmannschaft und trainiere mehrmals wöchentlich im Fitnesscenter. Des Weiteren arbeite ich hart für meine Band, in der ich die Drums spiele. Aber auch Relaxen und das Abschalten am Meer genieße ich bei regelmäßigen Spaziergängen mit meiner Freundin.

Das sollten Sie über mich wissen ...

... über meine Persönlichkeit

Von meinen Bekannten und Freunden werde ich als aufgeschlossen und kommunikationsfreudig eingeschätzt. Es macht mir großen Spaß, mit Menschen umzugehen, meine Freunde bezeichnen mich stets als hilfsbereit und verlässlich. Des Weiteren ist Loyalität für mich ein sehr bedeutendes Attribut. Dies beziehe ich nicht nur auf meine guten Freunde, zu denen ich immer Kontakt halte, sondern auch auf mein Engagement in der Fußballmannschaft. Während meiner Ausbildung und bei meinen letzten Arbeitsplätzen habe ich mir betriebswirtschaftliches Denken angeeignet und auch unternehmerisches Handeln ist mir nicht unbekannt.

Klar schätzen dich deine Freunde positiv ein, wären es sonst deine Freunde? Loyalität? Ah gut, bei deinen Freunden und im Verein ist sie also da, aber wie sieht es aus, wenn es im Job mal Probleme gibt? Betriebswirtschaftliches Denken und unternehmerisches Handeln, soso. Falls ich den Kandidaten einlade, werde ich ihn fragen, an welchen Beispielen er das denn festmacht. Diese allgemeinen Worthülsen wird er mir erklären müssen. Der Absatz sagt doch gar nichts über ihn aus.

Das sollten Sie über mich wissen ...

... über meine Arbeitseinstellung

Eigenverantwortliches, selbstständiges Handeln in Verbindung mit einem vervollkommnenden Wissensaustausch eines Teams sowie permanente Bereitschaft zum Weiterlernen kennzeichnen wichtige Aspekte meiner Arbeitshaltung.

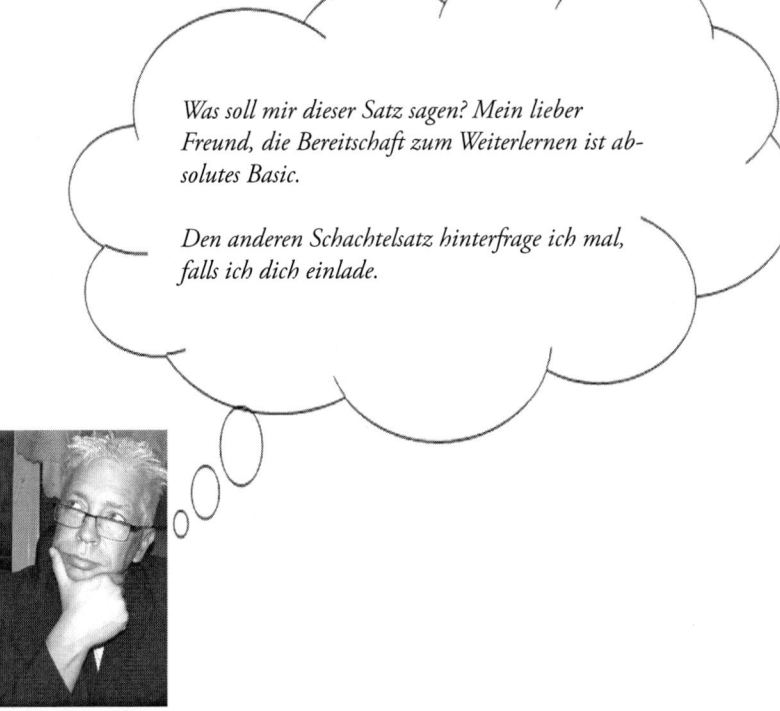

Was soll mir dieser Satz sagen? Mein lieber Freund, die Bereitschaft zum Weiterlernen ist absolutes Basic.

Den anderen Schachtelsatz hinterfrage ich mal, falls ich dich einlade.

Das sollten Sie über mich wissen ...

... über meine Interessen

In meiner Freizeit spielt Sport eine gewichtige Rolle: Ich spiele aktiv in einer Fußballmannschaft und trainiere mehrmals wöchentlich im Fitnesscenter. Des Weiteren arbeite ich hart für meine Band, in der ich die Drums spiele. Aber auch Relaxen und das Abschalten am Meer genieße ich bei regelmäßigen Spaziergängen mit meiner Freundin.

Ich fasse den Absatz mal zusammen:
Fußball = Verletzungsgefahr = Krankheitstage

Mehrmals wöchentlich Fitness, dann noch in der Band – es wird eng, falls mal Überstunden angesagt sind.

Wird er dann seine Bandkollegen sitzen lassen?

Im Prinzip ist es ganz einfach. Ein Auto wird nicht speziell aus dem Grunde gekauft, weil es vier Räder hat. Das haben alle und es wäre etwas seltsam, in der Annonce extra darauf hinzuweisen. Wenn dann noch damit begonnen wird, die einzelnen Positionen der Räder genauer zu beschreiben, also vorne, links, rechts und hinten, links, rechts, schläft man ein oder wird misstrauisch.

Sie sollten wirklich nur dann etwas mitteilen, wenn es auch etwas zum Mitteilen gibt. Bleibt jetzt die Frage, ob es wichtig ist mitzuteilen, dass man teamfähig ist. Gut, aber das sollte aus dem Anschreiben ja schon herauskommen. Ziel ist es, wichtige Informationen im Anschreiben und im Lebenslauf unterzubringen.

Die im Beispiel beschriebenen Fähigkeiten des Bewerbers sind Fähigkeiten, die der Personalentscheider bei einem persönlichen Gespräch selbst herausfinden wird. Nur weil es dort steht, muss es noch lange nicht so sein. Papier ist eben geduldig.

Dass es aber durchaus Informationen gibt, die man auf diesen Wegen mitteilen kann, hat vor einiger Zeit ein Personalentscheider erlebt. Er erhielt eine Bewerbung eines sehr interessanten Kandidaten, auf dessen *Dritter Seite* nur das Foto eines Hörgerätes abgebildet war.

Der Grund: Der Kandidat hatte aufgrund eines Arbeitsunfalles am linken Ohr nur noch fünf Prozent seiner Hörfähigkeit. Hätte er diese Information in das Anschreiben verpacken sollen? In den Lebenslauf passte diese Information aber auch nicht. Somit hatte die *Dritte Seite* ihren Zweck erfüllt, weil sie wirklich eine Information enthielt, die weder in das Anschreiben noch in den Lebenslauf gepasst hätten. Dazu ließ diese Information den Bewerber sehr ehrlich erscheinen. Er wurde prompt zu einem Gespräch eingeladen.

Treffen die soeben beschriebenen Kriterien nicht zu oder haben Sie nicht eine wirklich zündende Idee, dann entscheiden Sie sich grundsätzlich gegen eine Dritte Seite. Die Versuchung ist sehr groß, sich in Eigenlob zu verstricken – nach dem Motto: *Dabei wollte ich heute gar nicht so gut aussehen.* Hier wieder der Hinweis, dass Personalentscheider die Sprüche *Ich bin Mr. Supertoll und kann alles* am Tag so oft lesen, dass sie sich manchmal wie Gefangene in einem Raum-Zeit-Kontinuum vorkommen und diese schreckliche Situation wie in einer zeitlichen Endlosschleife immer und immer wieder erleben müssen.

O.K., nehmen wir nun an, Ihre Position ist derart komplex aufgebaut und hat auch derart wichtige Stationen durchlebt, die sich hervorragend mit der neuen Stelle ergänzen, dass diese mitgeteilt werden müssen. Nehmen wir an, das Ganze ist so umfangreich, dass es zudem den Rahmen eines Lebenslaufes sprengen würde.

Dann ist grundsätzlich ein Qualifikationsprofil zu empfehlen und immer einer Dritten Seite vorzuziehen. Ein Qualifikationsprofil ist eine übersichtliche Zusammenfassung Ihrer bisherigen Tätigkeitsschwerpunkte und Kompetenzen, die mit konkreten Beispielen hinterlegt werden.

Technischer Leiter

- Integration der Neumandanten in die Geschäftsprozesse durch Klärung und Nachhalten der internen Verantwortlichkeiten, Festlegung notwendiger Aktivitäten und deren Erledigung, Bindeglied zum neuen Großkunden
- Abstimmung der Abrechnungskonditionen mit Mandanten und Industriepartnern sowie Anpassen der Abrechnungsmodalitäten an geänderte Einkaufskonditionen.
- Erstellung anforderungsspezifischer Schulungsstrategien, um einen zeitnahen und flächendeckenden Wissensstand der Techniker zu gewährleisten.
- Sicherstellung einer zeitnahen Überarbeitung, Übersetzung und Anpassung aller technischer Informationen unserer Businesspartner und deren Übermittlung in die Wissensdatenbank unserer Technischen Servicekräfte.

Organisation und Beratung

- Vorbereitung und Durchführung von Qualitätsmeetings mit nationalen und internationalen Businesspartnern, vorwiegend in englischer Sprache zu deren Produktqualität.
- Unterstützung der Hersteller bei Sonderaktionen zur Umrüstung von Produkten, die bereits in der Fläche eingesetzt werden.
- Erstellung und Verwaltung der Verträge mit externen Partner in Abstimmung mit der Geschäftsführung

Weiterbildungsmanagement

- Erstellung eines Konzeptes für eine Weiterbildungsbedarfsanalyse und deren Durchführung (MONALISA-System)
- Entwicklung eines e-learning Online- Portals. (www.onlineportalvondermeinefirma.com)
- Ansprechpartner bei allen Fragen zur VDE und der BetrSichV

Projektmanagement

- Six Sigma Blackbelt
- Projekt zur Erstellung eines landesübergreifenden Dokumentenmanagements
- Entwicklung von Sonderwerkzeugen mit externen Partnern
- Projekt (Task Force) zur Kostenreduzierung

119

Ich empfehle ein Qualifikationsprofil immer dann, wenn Sie sich über einen Personalberater bei einem Unternehmen bewerben. Der Personalberater hat so ein rundes Bild und kann eine entsprechende Zuordnung zu potenziellen freien Stellen vornehmen. Ein Qualifikationsprofil ist auch dann sehr interessant, wenn Sie Ihre Unterlagen auf einer Messe oder Jobbörse abgeben möchten.

Die Initiativbewerbung:

Wie wäre das Bewerberleben, wenn man es sich als Bewerber aussuchen könnte, in welchem Unternehmen man arbeiten möchte? Wenn Firmen bei einem anrufen und fragen, ob denn noch Interesse bestehen würde, für sie tätig zu werden? Ich habe einen Bekannten, der das genau so erlebt hat.

Als er kurzfristig arbeitslos wurde, hat er sich intensiv mit den Unternehmen in seiner näheren Umgebung beschäftigt. Als Programmierer hat er seine Tätigkeiten genau analysiert und herausgearbeitet (*siehe Kapitel: Die persönliche Inventur*) und begab sich nun auf die Suche nach Unternehmen, die genau auf dem Gebiet Hilfe benötigen könnten. Über viel Recherche – Firmenbroschüre, Internet usw. – und Nachfragen bei Freunden und Bekannten konnte er einige Profile von Unternehmen erstellen und sie mit seinen Fähigkeiten abgleichen. Heraus kamen Initiativbewerbungen, die Problemlösungsstrategien bezogen auf seine Person waren. Nach rund drei Wochen war der Bekannte wieder in Lohn und Brot.

Personalentscheider mögen gut gemachte Initiativbewerbungen, sie werden gerne abgelegt und bei Bedarf wieder hervorgeholt. Spart man sich damit doch das Geld und die Arbeit für eine Stellenausschreibung und Anzeige. Außerdem treten Sie mit einer Initiativbewerbung aus der breiten Masse heraus und haben nicht Hunderte Mitbewerber, die Sie erst mal aus dem Rennen werfen müssen. Der Personaler hat vielleicht auch gerade etwas Zeit und zeigt sich interessiert. Wenn die Initiativbewerbung sauber recherchiert und gut aufgezogen ist, treten Sie fast schon wie ein Berater auf, der ein Problem löst. Gibt es bessere Voraussetzungen für einen Arbeitsvertrag und Gehaltsverhandlungen? Gehen Sie es also an, streng nach meinem Leitspruch:

„Wir haben nichts zu verlieren."

Shorties kurz und knapp:

Verwenden Sie wirklich nur dann eine *Dritte Seite*, wenn es sich um ganz spezielle Informationen handelt, die im Anschreiben entweder keinen Platz oder keine Verwendung finden.

Statt einer Dritten Seite sollten Sie lieber ein Qualifikationsprofil erstellen.

Auch bei Initiativbewerbungen darf kein Standard versendet werden. Hier gilt, es sauber zu recherchieren und das Anschreiben auf das Unternehmen zuzuschneiden.

3

Onlinebewerbung

Was ist wohl der Unterschied zwischen einer Bewerbung auf Papier und einer Onlinebewerbung? Stellen Sie sich folgende Situation vor: Als Mitarbeiter im Personalbüro sind Sie heftig im Stress. Der Chef hat Ihnen so richtig Feuer gemacht und braucht dringend einen neuen Mitarbeiter im Innendienst. Sie hetzen in die Fachabteilung und fragen nach einem Funktions- und Anforderungsprofil für die auszuschreibende Stelle. Irgendwo müssen die Tätigkeiten und Anforderung schließlich dokumentiert sein.

Und schon sitzen Sie mittendrin im Kompetenzkarussell der kunterbunten *Das geht mich doch nichts an-Endlosschleife*. Letztendlich interviewen Sie den Leiter der Fachabteilung und schreiben das Profil selbst. Schweißgebadet und einige Überstunden später sind Sie endlich soweit. Die geforderte Stellenausschreibung wurde von Ihnen überglücklich bei Stepstone ins Netz gestellt. Am nächsten Morgen trudeln die ersten Onlinebewerbungen bei Ihnen ein. Sehr gespannt beginnen Sie nun Folgendes zu lesen:

1. guten tag Herr S. Hirmit bewerbe ich mich bei Ihnen Innendienstmitarbeiter/in. Mein name ist Sofie H. habe jetzt am 13.11.2010 meine ausbildung als schneiderin beendet und würde mich freuen jetzt bei ihn arbeiten zu können wenn sie intresse haben Melden sie sie sich nei mir ich würde mich sehr freuen Mit Freundlichen Gruß s.

2. Sehr geehrte Damen und Herren!
Ab heute (12.03.2011) suche ich dringend einen neuen Job.
Stellen Sie noch Personal ein?? Gruss aus B.! Hans Werner Sch

Was denken Sie soll man darauf antworten? Vielleicht ein kurzes und knappes „Ja" oder „Nein"? Um es abzukürzen: Grundsätzlich gelten für Onlinebewerbungen die exakt gleichen Regeln wie für eine Bewerbung auf Papier. Allerdings sollten Sie bei Onlinebewerbungen auf weitere Regeln achten.

Bei der schriftlichen Bewerbung legen Sie das Anschreiben lose in das Kuvert. Ihr Lebenslauf sowie Zeugnisse und andere Anlagen befinden sich in einem sauberen Ordner. Bei der Onlinebewerbung ist das auch so. In die Mail schreiben Sie das Anschreiben, und zwar mit der gleichen Ausführlichkeit wie auf Papier. Als Anlage hängen Sie dann ein PDF-File mit Ihrem Deckblatt, dem Lebenslauf und Ihren Zeugnissen (bitte nicht größer als max. 3 MB) an und senden dies an die angegebene Mailadresse. Der Betreff Ihrer Mail ist dabei aussagekräftig und themenbezogen. Wie wäre es beispielsweise bei einem Stellengesuch für einen Vertriebsmitarbeiter mit:

Vertriebsmitarbeiter gesucht? Vertriebsmitarbeiter gefunden!

Legen Sie sich eine seriöse Mailadresse zu. Es kommt einfach nicht gut, wenn sich Bussischnäuzel@mail.de als Lagerleiter bewirbt oder Chaosbiene@mail.de eine neue Herausforderung als Leiterin der Organisationsabteilung sucht.

Achten Sie auf eine vollständige E-Mailsignatur. Nichts ist ärgerlicher für einen Personalentscheider, als langwierig in den Anlagen nach Ihrer Telefonnummer zu suchen.

Damit Ihre Onlinebewerbung nicht von firmeneigenen UNIX-Servern des Unternehmens erst als Spam beschimpft, anschließend digital verdroschen und dann ins ewige Daten-Nirwana verbannt wird, darf als Anlage nur eine PDF-Datei versandt werden. Verzichten Sie deshalb auf das Versenden von ZIP- oder EXE-Dateien.

Nur wie schaffen wir es, nun ein PDF-File zu produzieren und darauf zu achten, dass die Datei nicht zu groß wird? Hierzu bedarf es etwas Arbeit am PC, aber keine Angst, es kommen weder

Kosten auf Sie zu noch müssen Sie hierfür der absolute PC-Crack sein.

Beginnen wir mit der Dateigröße. In der Standardeinstellung sind Scanner immer auf eine mittlere Auflösung eingestellt. Das macht auch Sinn. Allerdings kann es vorkommen, dass ein Dokument hierbei im Durchschnitt bis zu 1 MB Speicher benötigt, und wenn Sie dann Ihre Zeugnisse und Urkunden im Worddokument aneinanderreihen, sprengen Sie locker die 3 MB Obergrenze schon beim Einfügen Ihrer Dokumente aus der Schulzeit.

Beginnen wir also mit dem Verkleinern von Bildern, d. h. wir machen aus einem Poster ein DIN-A4 Blatt, indem wir die Bildpunkte des gescannten Bildes reduzieren. Jeder Bildpunkt benötigt Platz und je weniger wir haben, desto kleiner wird das Dokument bezogen auf die Größe der Datei. Es ist unbedingt darauf zu achten, dass die Anzahl der Pixel mit der Größe (Länge x Breite) ein gutes Verhältnis bildet. Ansonsten werden die Bilder zu grobkörnig und sind nicht mehr lesbar. Zum Glück gibt es Freeware-Programme, die uns diese schwierige Aufgabe abnehmen. Laden Sie sich hierzu das Freeware Tool *IrfanView* aus dem Internet. Ich verwende dazu immer die Portable Version, d. h. Sie müssen die Dateien nur auf einem USB-Stick entpacken und nicht auf Ihrem System installieren. Geben Sie hierzu in Google den Suchbegriff „IrfanView Portable" ein und gehen am besten auf die Downloadseite von Chip (www.chip.de).

Standardmäßig startet IrfanView in englischer Sprache. Dies passiert immer dann, wenn das Programm aus dem Internet geladen wurde. Es ist aber leichter und auch von der Bedienung komfortabler, das Programm in Deutsch bedienen zu können.

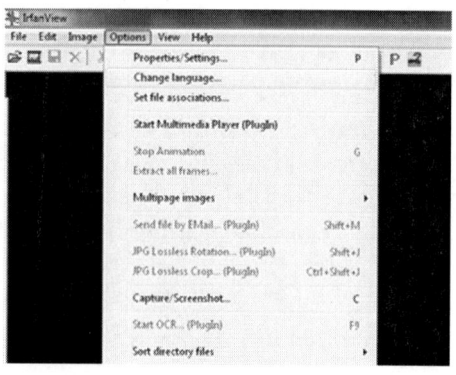

Gehen Sie dazu auf den Menüpunkt *Options* und klicken auf *Change Language*. Im Menü Language können Sie nun die Datei *DEUTSCH.DLL* auswählen. Mit einem Doppelklick bestätigen Sie die Auswahl und IrfanView spricht ab sofort Deutsch mit Ihnen.

Mit einem Klick auf *Datei öffnen* und der anschließenden Auswahl der Datei, die Sie bearbeiten wollen, bekommen Sie erste Informationen über die Größe des Bildes und die Speicherintensität. Unser Beispielbild hat eine Speichergröße von 5,55 MB. Das ist natürlich sehr groß und wir wollen uns nun daran machen, das Bild zu verkleinern.

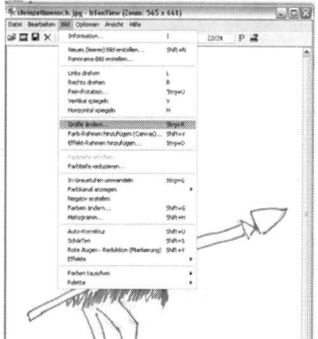

Über das Menü *Bild* erreichen Sie den Unterpunkt *Größe ändern* – ein Klick darauf öffnet ein weiteres Untermenü, bei dem Sie die gewünschte Größe der Datei auswählen können. Probieren Sie einfach mal die Größen 800x600 und 640x480 aus und drücken *OK*. Wenn Sie danach das Bild auf eine DIN A4 Seite entsprechend der

Größe anpassen, sollten die Bilder nur noch ein Zehntel der Speichergröße in Anspruch nehmen. Gratulation, Sie haben soeben erfolgreich die Datengröße eines digitalen Fotos angepasst.

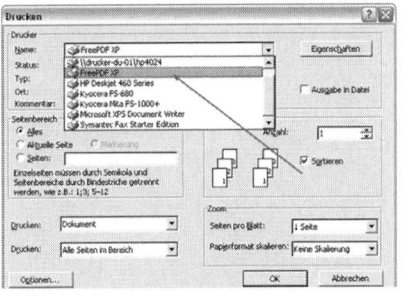

Sie haben nun Ihre Dokumente fertiggestellt, fehlt nur noch die Konvertierung in PDF. Auch hier gibt es eine Freewarevariante, die sehr einfach in der Handhabung ist. Gehen Sie dazu wieder in den Downloadbereich von *www.chip.de* und laden sich das Programm *Free PDF* auf den Computer. Diese Software muss allerdings installiert werden. Starten Sie die Setup-Datei und führen die Installationsschritte nach Anweisung aus. Nichts von der Software zu sehen? Das Geheimnis von *Free PDF* ist nämlich, dass es sich als Drucker in Windows installiert. Dies hat den wesentlichen Vorteil, dass Sie aus jeder Anwendung heraus ein PDF-Dokument erstellen können. Die Daten werden, statt auf Papier, in ein PDF gedruckt.

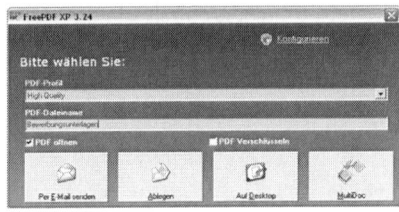

Wählen Sie im Menü *Drucken* das Programm *Free PDF* aus, ganz so als wäre es ein Drucker. Nachdem Sie die Auswahl mit *OK* bestätigt haben, erscheint das Free PDF-Menü. Wählen Sie hier den Button *Auf Desktop* und Sie haben nach wenigen Sekunden ein File im PDF Format.

Shorties kurz und knapp:

Schreiben Sie nur dann eine Onlinebewerbung, wenn dies vom Unternehmen gewünscht wurde und eine Mail-Adresse angegeben ist. Auf keinen Fall einfach eine Bewerbung „ins Blaue" auf eine info@unternehmen.de Adresse senden.

Achten Sie auf eine eigene seriöse Mailadresse: vorname.nachname@onlinedienst.de.

Sie haben ein hochwertiges Bewerberbild in digitaler Form vorliegen.

Sie haben Ihre gesamten Unterlagen wie Zeugnisse und Fortbildungsnachweise eingescannt.

In der Online-Bewerbung wurden alle Regeln einer klassischen Bewerbung zugrunde gelegt.

Das Anschreiben wird bereits in der Mail geschrieben.

Achten Sie auf eine vollständige Signatur Ihrer Mail. Oft möchte man Sie sofort anrufen, da ist es lästig, erst im Anhang nach den Adressdaten zu suchen.

Die Bewerbungsunterlagen sind im PDF-Format als Anhang der Mail beigefügt.

Das PDF-File ist nicht größer als 3 MB.

Versenden Sie keine exe- oder zip-Files.

Das Arbeitszeugnis:

Selten in Bewerbungsbüchern erwähnt, aber dennoch ein wichtiger Bestandteil Ihrer Unterlagen: das Arbeitszeugnis. Haben Sie hier ein Kuckucksei im Bewerbungsunterlagen-Nest sitzen, werden Sie dies schmerzlich spüren, ohne zu wissen, warum. Deshalb werden wir in diesem Kapitel das Thema ausführlich behandeln. Sie werden dann in der Lage sein, ein Arbeitszeugnis selbst zu entschlüsseln und vom grundsätzlichen Aufbau her einordnen können.

Grundsätzlich gilt, dass ein qualifiziertes Arbeitszeugnis wohlwollend formuliert werden muss. Auf der anderen Seite soll aber das Zeugnis auch der Wahrheit entsprechen und objektiv sein. Dies allein ist schon ein Widerspruch in sich, aus dieser Situation heraus hat sich dann der sogenannte Zeugniscode entwickelt. Übergeordnet wird ein Personalentscheider auch hier wieder darauf achten, wie die Entwicklung unterschiedlicher Zeugnisse bei Ihnen stattfand. Gibt es Ausreißer, die besonders gut oder schlecht sind? Während bei einem Ausreißer, der besonders gut ist, der Verdacht aufkommt, dass dieses Zeugnis eventuell selbst verfasst wurde, kann es sich bei einem vermeintlich schlechten Zeugnis auch um einen

Verfasser handeln, der vom Zeugniscode recht wenig Ahnung hat. Dies kommt oft bei Klein- und Mittelständischen Unternehmen vor, die keine eigene Personalabteilung haben.

Der Personalentscheider wird zuerst auf die Form und die Gliederung des Arbeitszeugnisses achten. Ein Arbeitszeugnis gliedert sich wie folgt:

- Überschrift
- Einleitung
- Aufgaben- /Tätigkeitsbeschreibung
- Leistungsbeurteilung
- Zufriedenheitsaussage
- Leistungsbeurteilung zusammengefasst
- Sozialverhalten
- Grund für die Beendigung des Arbeitsverhältnisses
- Danksagung für die geleistete Arbeit
- Bedauern über den Weggang
- Zukunftswünsche
- Datum Ausstellung
- Funktion des Ausstellers

Grundsätzlich gibt es unterschiedliche Möglichkeiten, wie verdeckte Botschaften in einem Zeugnis verankert werden:

Der Verfasser verändert die Reihenfolge der Aussagen: Unwichtige Aufgaben werden zuerst genannt und mit den Leistungsbeurteilungen vermischt. Hier liegt der Verdacht nahe, dass das Unternehmen mit dem Leistungsverhalten des Arbeitnehmers nicht zufrieden war. Wird zum Beispiel bei der Beurteilung des Verhaltens gegenüber Vorgesetzten und Kollegen zuerst der Kollege und dann erst der Vorgesetzte genannt, so kann dies ein Hinweis darauf sein, dass das Verhalten gegenüber den Vorgesetzten eben nicht einwandfrei war.

Das Weglassen wichtiger Aussagen und die Betonung unwichtiger Aussagen: Werden wichtige Aussagen weggelassen, so ist das mit großer Wahrscheinlichkeit ein Hinweis darauf, dass man mit dieser Form des Arbeitsverhaltens unzufrieden war. Prüfen Sie deshalb Ihr Arbeitszeugnis auf das Vorhandensein dieser Angaben und lassen diese gegebenenfalls nachtragen.

Neben dem Weglassen bestimmter Aussagen ist die aktive und passive Form des Arbeitszeugnisses ein Hinweis darauf, wie Sie beurteilt wurden. Bei der Verwendung der passiven Form geht man

Fehlt diese Aussage im Zeugnis...	... kann es darauf deuten, dass ...
Eine ausführliche Tätigkeitsbeschreibung Ihres Wirkungsbereiches	Ihre Arbeitsleistung und Qualität unzureichend waren.
Angaben, was das Verhalten gegenüber Vorgesetzten und Kollegen betrifft	Sie als Mitarbeiter sehr unbeliebt waren.
Aussagen zur Korrektheit und Verschwiegenheit (Wichtig bei Positionen,die ein hohes Maß an Diskretion erfordern,wie Buchhalter, Controller usw.)	Sie als Mitarbeiter weder zuverlässig noch diskret waren.
Aussagen zur Ehrlichkeit des Mitarbeiters (unverzichtbar, wenn Sie z.B. als Kassierer oder Buchhalter abreiten)	Sie Differenzen in der Kasse hatten
Angaben über Ihre Fähigkeit, selbständig arbeiten zu können (wichtig in Positionen, die verantwortungsvolles und aktives Handeln erfordern)	Sie arbeiteten unselbständig und brauchten ständig konkrete Anweisungen.
Im Schlusssatz das Bedauern über den Weggang verbunden mit guten Wünschen für die Zukunft	Ihnen wurde gekündigt und man ist erleichtert über die Trennung.

Steht diese Formulierung im Zeugnis ...	... ist die codierte Aussage
Herrn ... Geselligkeit förderte die Zusammenarbeit innerhalb der Abteilung	Er hat ein starkes Alkoholproblem.
War Neuem gegenüber stets aufgeschlossen.	Hat viele Ideen aufgegriffen, konnte davon aber keine zu Ende bringen.
An unserem Unternehmen hat Herr/Frau ... immer großes Interesse gezeigt.	Mehr als interessiert war er nicht.
Die ihm übertragenen Aufgaben erledigte er immer mit Fleiß, Ehrlichkeit und Pünktlichkeit.	Fachlich war der Kollege eher sehr schwach
Seinen Kollegen gegenüber zeigte er großes Einfühlungsvermögen.	Kollegen wurden von ihm sexuell belästigt.
Für seine Arbeit brachte er stets Verständnis auf.	Er war einfach nur faul und hat nichts geleistet.
Seine Aufgaben verrichtete Herr... immer ordnungsgemäß.	Er ist starr in seiner Arbeitsweise und arbeitet behördenhaft
Herr ... galt bei uns als umgänglicher Kollege.	Er war unbeliebt und nicht sehr gefragt.
Bei den Kollegen galt Herr... als toleranter Mitarbeiter	Gegenüber Vorgesetzten verhielt er sich intolerant und aufständisch.

131

auch von einer passiven Arbeitsweise dieser Person aus. Positiv sind immer aktive Formulierungen wie: „Frau Y erledigte die ihr übertragenen Aufgaben stets …" Eine passive Formulierung wie: „Frau fand im Rahmen ihrer Aufgaben die …" zeigt genau, dass die Person sehr passiv und wenig engagiert war.

Neben dem Weglassen wichtiger Aussagen gibt es noch codierte Botschaften, die auf ein eindeutiges Verhalten schließen lassen sowie Formulierungen, die ein Bewertungssystem nach Schulnoten ermöglichen. Sind einem diese Codes erst einmal unbekannt, glaubt man bei entsprechender Aufklärung aus allen Wolken zu fallen. Lassen Sie im Zweifelsfall Ihr Zeugnis von einem Fachmann (Anwalt, Gewerkschaft etc.) checken, da es bei der Interpretation, gerade beim Weglassen von Aussagen, eine gewisse Routine braucht. Alle beschriebenen Faktoren müssen in ihrer Gesamtheit überprüft werden. Nur so bekommt der Leser ein Bild dessen, was die Beurteilung aussagt.

Zum Abschluss des Kapitels noch einige gemeine Tricks, die mir selbst zwar noch nicht untergekommen sind, aber dennoch ihre Verbreitung gefunden haben. Grund genug, sie hier zu erwähnen. Der Code wird ausschließlich bei der Unterschrift des Arbeitszeugnisses verwendet:

- Senkrechter Strich mit Kugelschreiber/Füllhalter, links stehend von der Unterschrift, der aussieht wie ein *Ausrutscher* = Mitglied einer Gewerkschaft.

- Ein sogenannter *Ausrutscher* (nur Häkchen) nach links = Mitglied einer links stehenden Partei.

- Ein sogenannter *Ausrutscher* (nur Häkchen) nach rechts = Mitglied einer rechts stehenden Partei

- Ein sogenannter *Doppelausrutscher* (Doppelhäkchen) nach links = Mitglied einer linksgerichteten, verfassungsfeindlichen Organisation.

Sehr gut	• stets • hervorragend • stets zur vollsten • außerordentlich • hohes Maß an
Gut	• gut • bester Weise • stets zur vollen • zur vollsten
Befriedigend	• vollen • jederzeit zufrieden • in jeder Hinsicht
Ausreichend	• ..waren wir zufrieden • Erwartungen entsprochen • zufriedenstellend
Mangelhaft bis ungenügend	• stets bemüht • mit großen Fleiß • Eifer • …machte Vorschläge zur Bewältigung von Aufgaben

Nachfassen:

Kürzlich im Personalbüro: Ich sehe mich um und lasse meinen Blick auf einem Stapel Bewerbungen ruhen, den seit mindestens drei Wochen keiner mehr angerührt hat. Auf meine Frage, warum das so ist, erklärt mir der Personalchef Folgendes. „Sehen Sie, auf dem Stapel liegen die Bewerber, die wir in Betracht ziehen. Ich warte immer einen gewissen Zeitraum ab. Wer wirklich Interesse an der Tätigkeit und unserem Unternehmen hat, wird sich melden. Das Nachfassen ist für mich ein Indiz dafür, dass jemand den Job wirklich möchte."

Nachfassen lohnt sich also immer, denn wer sich die Mühe gemacht hat, ein individuelles Anschreiben zu erstellen, hat auch das Recht, eine Antwort in einem angemessenen Zeitraum zu bekommen. Und jetzt die gute Nachricht, beim Nachfassbrief dürfen Sie einen Standard verwenden. So ein Nachfassbrief könnte folgenden Inhalt haben:

Sehr geehrter Herr Mustermann,

vor circa drei Wochen habe ich Ihnen meine Bewerbungsunterlagen übersendet.

Ich möchte mich bei Ihnen über den aktuellen Stand erkundigen. Ist meine Bewerbung noch im hausinternen Umlauf? Bitte geben Sie mir Bescheid, falls Sie zur Prüfung noch weitere Zeit benötigen.

Ich freue mich, bald von Ihnen zu hören, und verbleibe

mit herzlichem Gruß

Sie können sich aber auch auf eine andere Art in Erinnerung rufen, indem Sie im Vorfeld schon eine Bewerbungsmappe verwenden, die etwas außergewöhnlich ist. Nehmen wir an, Sie rufen nach etwa anderthalb Wochen beim Unternehmen an und möchten sich nach dem aktuellen Stand Ihrer Bewerbung erkundigen.

Mit hoher Wahrscheinlichkeit heißt es dann: „Sorry, aber ich habe hier einen riesigen Stapel mit Bewerbungsmappen liegen, ich kann auf die Schnelle hier Ihre Unterlagen nicht greifen."

„Doch das geht", erwidern Sie dann. „Sie können meine Unterlagen ganz leicht von den anderen unterscheiden. Meine Mappe ist die mit der grellrosa Farbe." Volltreffer, die Mappe sticht tatsächlich aus dem Berg hervor und ist somit sofort greifbar. Mit etwas Glück haben Sie nun schon die erste Hürde genommen und können sogar am Telefon ergänzende Informationen zu den einzelnen Punkten Ihrer Bewerbungsunterlagen liefern. Tja, und wenn es nicht geklappt hat, sollten Sie sich Feedback einholen. Am besten Sie rufen bei der Firma an und fragen nach, warum Sie nicht für die ausgeschriebene Position eingesetzt wurden.

Gehen Sie hierbei aber mit Gefühl an die Sache. Viele Personalverantwortliche nennen Ihnen auf Grund des *Allgemeine Gleichstellungsgesetzes (AGG)* nicht mehr die wahren Gründe einer Absage. Das Allgemeine Gleichstellungsgesetz ist seit August 2006 in Kraft. Es wurde geschaffen, um Menschen vor Benachteiligung aufgrund ihrer ethnischen Herkunft, Religion, Rasse, Weltanschauung, ihres Alters, einer Behinderung zu schützen. Aus diesem Grunde müssen Stellenangebote beispielsweise so formuliert werden, dass sie niemanden aufgrund der im AGG genannten Kriterien benachteiligen. Somit darf nicht einfach in einer Stellenanzeige angegeben werden, wie alt der gewünschte Bewerber sein sollte. Es darf aber die Angabe von einer bestimmten Anzahl von Jahren an Berufserfahrung gemacht werden.

Einige Bewerber haben das AGG für sich als Geldquelle erkannt und verklagen Unternehmen auf Zahlungen, weil sie sich benachteiligt fühlen. Das finde ich sehr schade, da das die Arbeitgeber nämlich dazu veranlasst, nicht mehr die Wahrheit zu sagen. Und so wird dem Bewerber die Möglichkeit genommen, sich zu verbessern, weil niemand mehr mit dem AGG in Berührung kommen möchte. Deshalb gehen Sie behutsam vor, rufen dort an und fragen am besten weniger nach dem Grund der Ablehnung, sondern mehr danach, was an Ihren Unterlagen noch verbessert werden kann. Achten Sie darauf, den anderen nicht in die Position zu drängen, diskriminierende Aussagen zu tätigen. Das wäre dann das vorzeitige Aus für ein ehrliches Feedback. Im Allgemeinen geht die Tendenz aber wieder dahin, ehrliches Feedback zu geben ... und das lässt uns hoffen. Sie werden nicht in allen Fällen Glück haben, wenn Sie aber ein Feedback bekommen, ist es unbezahlbar und hilft Ihnen auf jeden Fall weiter.

Beim Nachfragen bleiben Sie immer sachorientiert und freundlich, es geht nicht darum, seinen verletzten Stolz zu zeigen und dem Gesprächspartner mal zu sagen, was man alles hätte für ihn tun können. Nein, es geht darum, die Hintergründe zu erfragen und daraus etwas zu lernen.

Albert Einstein sagte einmal: „Die Definition von Wahnsinn ist, immer wieder das Gleiche zu tun und andere Ergebnisse zu erwarten." Für mich eine der schönsten Umschreibungen für kontinuierliches Anpassen und Verarbeitung von Feedback.

Ein Tipp:

Nehmen Sie das für Sie Nützliche und bauen das in Ihre Bewerbung mit ein. Nehmen Sie nur Feedback bzw. Kritik an, die auch in Ihre Lebensphilosophie passt. Menschen sind verschieden, Sie können es nicht jedem recht machen. Auf keinen Fall sollten Sie etwas ändern, wenn Ihr Bauch sich dabei nicht wohlfühlt. Jeder Mensch ist ein Individuum und somit einzigartig. Seien Sie sich dessen immer bewusst, dann ist es kein Problem für Sie, Feedback einzuholen. Glauben Sie mir, es wird Sie immer selbstsicherer werden lassen, auch wenn Sie im Moment eher glauben, dass das Gegenteil der Fall sein wird.

Ach, Sie denken, es ist nicht professionell zu fragen, was man falsch gemacht hat? Schade, wie soll man sich denn ohne Feedback weiterentwickeln? Selbst Toyota sagte einmal „Wir irren uns voran." Glauben Sie mir, es ist normal, Fehler zu begehen – wenn man daraus lernt. Lernen kann man aber nur, wenn man Feedback bekommt. Haben Sie den Mut, sich Feedback zu holen. Celebrate your mistakes. Oder auf Deutsch: Feiern Sie Ihre Fehler.

Sie haben nun Feedback und Tipps erhalten. Jetzt geht es daran, dies in Ihre Bewerbungsunterlagen einzuarbeiten. Führen Sie die Anpassungen in Ihrem Anschreiben und im Lebenslauf durch. Wenn man Ihnen Feedback in der Form gibt, dass Sie nicht genügend Qualifikation für die ausgeschriebene Stelle mitbringen, überlegen Sie, welche Kurse Sie besuchen können. Sicherlich werden Sie auch viele Tipps für Ihr Anschreiben erhalten, diese Hinweise sind Gold wert und machen Sie nach und nach zum echten Profi.

Der Elevator-Pitch:

Stellen Sie sich folgende Situation vor. In einem Nobelhotel in Hollywood Los Angeles sitzt ein junger Mann in der Lobby und starrt gebannt auf die Eingangstür. Dem Hotelpersonal ist dieser junge Herr bereits aufgefallen, schließlich sitzt er seit ungefähr fünf Stunden in der Lobby und wartet geduldig – auf was auch immer. Dann plötzlich kommt Leben in den Körper des jungen Mannes. Gebannt starrt er auf den Eingangsbereich. Kein Geringerer als Steven Spielberg betritt das Hotel und läuft zielstrebig in Richtung Aufzug. Der junge Mann springt auf und läuft seinerseits nun auch zum Aufzug. In letzter Sekunde schafft er es noch, mit Steven Spielberg in die Aufzugskabine zu huschen.

Warum hat er das gemacht? Der junge Mann ist Drehbuchautor und hat eine neue Idee für einen Film. Er ist von seiner Idee derart überzeugt, dass er sich sehr lange auf diesen Moment vorbereitet hat. Er hat nun ziemlich genau 45 Sekunden Zeit, Steven Spielberg von seiner Idee zu überzeugen. So was will genau durchdacht und vorbereitet sein. Da muss jeder Satz sitzen und der Spannungsbogen schnell aufgebaut werden. In diesen 45 Sekunden muss die Idee vermittelt und das Interesse geweckt werden. Der Elevator Pitch – zu Deutsch: die Aufzugspräsentation – wird sehr häufig von jungen aufstrebenden Managern verwendet, die keinen Termin beim Vorstand bekommen und die Gelegenheit in einem solchen Moment beim Schopfe packen möchten.

Aber warum erzähle ich Ihnen das? Ganz einfach, die kostengünstigste Art einer Vorselektion von Bewerbern, für die Interesse besteht, ist ein Anruf. Seien Sie sicher, der Anruf kommt. Meist trifft er Sie unvorbereitet und auf die Frage: „Erzählen Sie mal was über sich?", könnten Sie leicht ins Trudeln kommen. Wenn Sie aber einen fertigen Elevator Pitch haben, gehen sie locker auf die Frage ein und erhöhen damit sogar den Herzschlag Ihres Gesprächspartners. Ein Elevator Pitch hilft Ihnen immer, egal wo und wann Sie mit anderen Menschen zu tun haben. Sehr oft werden Sie gefragt: „Ach und was machen Sie so?" Wer dann unterhaltsam und mit

Witz antwortet, hat die erste Runde schon für sich verbucht. Es geht also darum, seinen Auftritt bestmöglich in Szene zu setzen. Ob am Telefon oder bei einem persönlichen Gespräch.

Stellen Sie sich folgende Situation vor. Sie sind durch einen Bekannten an Karten für eine Party gekommen, bei der sehr viele Prominente und einflussreiche Leute eingeladen sind. Sie stehen zunächst mit Ihrem Sektglas etwas verloren im Gästezimmer und lassen Ihren Blick durch die Menge schweifen. Plötzlich spricht Sie der Oberbürgermeister an und fragt: „Na, was machen Sie denn so beruflich?" Jetzt kommt es darauf an! Der Oberbürgermeister steht erwartungsvoll vor Ihnen, blickt sie neugierig an und ist auf Ihre Antwort gespannt. Wenn Sie jetzt sagen: „Naja ich bin halt Maurer", wird er anerkennend nicken und dies mit einem: „Oh, interessant", belohnen – bevor er weitergeht.

„Oh interessant" ist übrigens die kleine Schwester von „Oh Gott, ich langweile mich gerade zu Tode". Die Situation hätte auch anders ausgehen können. Wieder kommt der Bürgermeister und fragt Sie: „Na, was machen Sie denn so beruflich?" Sie machen eine kleine Pause und erhöhen damit die Spannung, dann antworten Sie: „Hmm, wie soll ich das beschreiben, das ist gar nicht so einfach. Ich bin nie aus dem Legospiel-Alter herausgewachsen, ich liebe es noch heute, diese Steinchen aufeinanderzusetzen, deshalb habe ich auch den Beruf des Maurers gewählt. Sie kennen doch auch die neue Sporthalle in der Nordstadt? Sehen Sie, die habe ich auch Steinchen für Steinchen mit aufgebaut." Plötzlich werden Sie mit ganz anderen Augen gesehen. Man lächelt Sie anerkennend an und hat die eine oder andere Frage. Sie sind interessant geworden.

Sicherlich kennen Sie Dr. Eckart von Hirschhausen mit seinem medizinischen Kabarett. Er hat einen kurzen, aber sehr genialen Elevator Pitch. Zur Begrüßung stellt er sich vor das Publikum und sagt: „Guten Abend, mein Name ist Dr. Eckart von Hirschhausen, ich bin Arzt und werde Sie gut behandeln." Peng, das sitzt erst einmal und die Leute fangen jetzt schon an zu lachen und das nach nur einem Satz.

Leitfaden für die Erstellung eines Elevator Pitch:

Seien Sie zielgruppenorientiert. Legen sie den Elevator Pitch auf die Zielgruppe Personalentscheider aus.

Wecken Sie das Interesse Ihres Gesprächspartners. Erzählen Sie eine Geschichte, stellen Sie eine Frage oder liefern Sie eine erstaunliche Information.

Liefern Sie den *Personenerinnerungsfaktor.* Worin unterscheiden Sie sich und warum sollte man sich an Sie erinnern?

Beschreiben Sie nicht, was Sie einmal gelernt haben, sondern das, was Sie können bzw. Ihre Leidenschaft ist. Erklären Sie kurz, mit welcher Fähigkeit Sie dem Unternehmen einen Vorteil bieten können.

Sprechen Sie in Bildern. Vermeiden Sie es, sich in Details zu verstricken. Verwenden sie einfache Worte und Beispiele.

Aufforderung zum Handeln. Lassen Sie am Schluss durchblicken, dass der andere jetzt dran, ist zu handeln.

Ein Beispiel eines Elevator Pitch am Telefon bei einem Anruf eines Personalers.

Personaler: „Sie haben in Ihren Lebenslauf ja geschrieben, dass Sie im Key Account gearbeitet haben. Erzählen Sie mal, was haben Sie da so gemacht?"

Bewerber: Ja, das stimmt, ich habe im Key Account Management gearbeitet. Ich war dort die Feuerwehr der neuen Generation. Jedes Rauchwölkchen wurde sofort geortet und entsprechend bearbeitet. Sehr oft steht man dann vor völlig neuen Herausforderungen und muss improvisieren. Das ist, als ob man jetzt sofort ein Wort für *nicht mehr durstig* aus dem Hut zaubern soll. Wegen meines Improvisationstalentes nannten mich meine Kollegen deshalb immer die *Jazzmusikerin des Key Accounts.*

Peng, das hat gesessen. Sie haben den Fisch angefüttert. Spätestens jetzt haben Sie die volle Aufmerksamkeit des Gesprächspartners. Nun können Sie die Stationen Ihrer Ausbildung schildern. Aber nicht vergessen: In der Kürze liegt die Würze.

Bei diesem Elevator Pitch wurde noch ein ganz spezieller Trick angewandt. Ist er Ihnen aufgefallen? Die Person lobt sich nicht selbst, sondern lässt andere für sich sprechen. Das ist eine sehr elegante Möglichkeit Gutes über sich zu berichten, ohne Eigenlob zu versprühen, finden Sie nicht auch?

Das Geheimnis eines Elevator Pitch ist das Sprechen in Bildern. Sie zaubern so ein Kino in den Kopf Ihres Gesprächspartners. Politiker und Künstler wissen um dieses geniale Werkzeug schon sehr lange und wenden es gezielt an. Einige Beispiele:

• *„Zimmermann ist als Löwe gesprungen und als Bettvorleger gelandet." **Joschka Fischer***

• *„Wenn ich so dirigieren würde, wie in Bonn Politik gemacht wird, gebe es ein Chaos." **Daniel Barenboim***

• *„Politik hat etwas mit Erotik zu tun. In den USA darf man kein Verhältnis haben, in Frankreich muss man ein Verhältnis haben und in Deutschland ist es freiwillig, ob man eins hat."* **Karsten Voigt**

• *„Gerhard Schröder ist der Richard Kimble der deutschen Politik – immer auf der Flucht vor seinen eigenen Aussagen."* **Norbert Blüm**

• *„Herr Larcher, als Sie heute früh um halb zehn geredet haben, hat für mich das Wort „Morgengrauen" eine ganz neue Bedeutung bekommen."* **Wolfgang Schäuble**

Mit einem gewissen Maß an Bewunderung lesen wir solche Sätze und amüsieren uns. Nur wie schaffen wir es, solche bildhaften Vergleiche zu erstellen? Was ist das Geheimnis, wie zaubert man jemandem ein Kopfkino in die Gedanken? Es handelt sich dabei immer um Vergleiche, Geschichten, Wortbilder und Beispiele, die im Kopf Assoziationen auslösen. Der Schlüsselsatz ist dabei *Das ist wie.* Wenn Sie sich dessen bewusst sind, können Sie mit Kreativitätstechniken derartige Vergleiche selbst (er)finden.

Die Kopfstandmethode:

Der Trick der *Kopfstandmethode* ist, dass Sie alles aus einem völlig anderen Blickwinkel betrachten. Sie behaupten einfach das komplette Gegenteil von dem, was Sie erreichen möchten. Was muss ich tun, um bei meiner Vorstellung völlig daneben zu liegen. Wie lasse ich mich so richtig schlecht dastehen? Wie langweile ich meinen Gesprächspartner? Schreiben Sie nun alle Antworten zu diesen Fragen auf und erstellen Sie eine Liste mit Patzern, die Sie so richtig schlecht aussehen lassen.

Wenn Sie das geschafft haben, gehen Sie die Liste nochmals durch und polen jede einzelne Antwort um. Sie ändern also das Geschriebene und verändern es ins Positive. Dadurch, dass Sie bei dieser Methode erst damit beginnen, zu überlegen, wie man es schlecht machen kann, gewinnen Sie einen völlig neuen Blickwinkel und kommen ganz automatisch auf neue Ideen. Sie brechen so aus Ihren gewohnten Denkmustern aus.

Ermittlung eines Beginners mittels Reizwortanalyse:

Schreiben Sie Ihr Ziel oben auf das Blatt: ***Was unterscheidet mich von allen anderen?*** Beginnen Sie nun, indem Sie ein beliebiges Wort aus der Liste der Reizwörter aufnehmen und das Thema damit adaptieren.

Worin unterscheide ich mich von den anderen und warum sollte man sich an mich erinnern?

Erstellen Sie sich eine ganz persönliche Reizworttabelle. Ich schreibe dazu auf ein Blatt Papier das Alphabet, also alle Buchstaben beginnend oben mit dem A und lasse die Liste mit Z enden. Es empfiehlt sich dazu kariertes Papier, so kommen Sie mit den 24 Zeilen gut zurecht. Nun schreiben Sie zu jedem Buchstaben ein Wort wie z.B. A – Auto, B – Birne usw.. Es sollte sich hier um Dinge bzw. Gegenstände handeln. Oder anders gesagt, alles was Sie sehen können, ist geeignet dafür. Füllen Sie nun das Blatt bis unten mit Worten auf.

Ich hatte bei meiner ganz persönlichen Analyse das Reizwort *Vampir*. Deshalb beginnt mein ganz persönlicher Elevator Pitch mit der Einleitung: „Mein Name ist Nico Pirner und ich habe ein Leben am Tag und ein Leben in der Nacht ...“

Während einer kleinen Kunstpause beginnt nun bei jedem der Zuhörer das persönliche Kopfkino zu flackern und jeder bildet sich darüber ein eigenes Urteil. Die Menschen beginnen zu lächeln. Ich kläre das dadurch auf, indem ich erzähle, dass ich am Tag meinem Beruf nachgehe, abends beim Bildungszentrum Kurse gebe und in der Nacht an neuen Schulungskonzepten arbeite.

Reizwörter für Ihren Beginner:

Eichhörnchen, Mercedes, Hai, Leuchtturm, Pfütze, Baum, Wolke, Wäscheklammer, Handy, Eisblume, Sonne, Festplatte, Osterhase, Gummiente, Handtuch, Rakete, Drucker, Pflasterstein, Brücke, Kirchturm, Vampir, Kran, Zement, Monitor, Regenbogen, Bühne, Fackel, Flatrate, schwerelos, Fallschirm, Zug, Navi, Aufzug, Pendel, Zeitschrift, Wolf, Strand, Sand, Maske, Wind, Armbanduhr, Anzug, Cocktail, Dudelsack, Kerze, Bauer, Maisfeld, Raumschiff, U-Boot, Fenster, Urwald, Tiger, Schneeflocke, Lenkrad, Dampfschiff, Straßenbahn, Taxi ...

Suchen Sie sich ein Wort aus und horchen in sich hinein. Welche Assoziation weckt der Begriff in Ihnen? Spielen Sie mit dem Wort, tauchen Sie ein in Ihre Fantasie und entdecken Sie Ihren ganz persönlichen Beginner: Was ist Ihr Elevator Pitch? Was macht Sie aus? Erstellen Sie Ihren Elevator Pitch gleich hier und jetzt. Nehmen Sie bitte hierzu Ihre Unterlagen der persönlichen Inventur zur Hand. Diese Unterlagen sind nun Gold wert und helfen Ihnen dabei, einen wirklich guten Elevator Pitch zu erstellen.

Mein Elevator Pitch:

Vom Umgang mit Headhuntern:

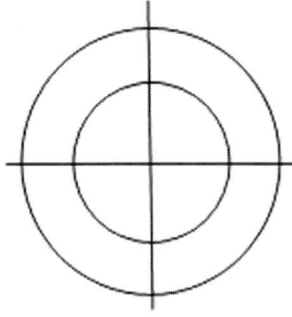

„Guten Tag, hier spricht Frau/ Herr ..., entschuldigen Sie bitte die Störung, aber können Sie frei reden?" Wenn Sie diesen Satz am Telefon hören, heißt es erst einmal, aus dem Fenster sehen und das entspannte Grün betrachten. Mit großer Wahrscheinlichkeit haben Sie einen Headhunter am Telefon. Jetzt nur nicht umherjubeln oder sagen, dass Sie mit Ihrem Job eigentlich ganz zufrieden sind. Legen Sie die mentale Chill-out Scheibe auf und bleiben Sie locker.

Doch mit wem haben Sie es da eigentlich zu tun? Was sind das für Menschen? Im Prinzip sind *Headhunter* Makler, die von der Vermittlung von Personal leben. Immer mehr Unternehmen sourcen das Recruiting von Personal aus und beauftragen Personalagenturen. Diese Personalagenturen gehen dann auf die Suche, um die geeignete Person für den zu vergebenden Posten zu finden. Wie überall gibt es auch hier schwarze Schafe. Hören Sie sich also genau an, was diese Person zu sagen hat.

Wenn Sie mit Geld in Vorleistung gehen sollen, brechen Sie das Gespräch sofort ab. Es soll auch Headhunter geben, die den Lebenslauf des Bewerbers in Word verlangen, um sogenannte *Anpassungen* vorzunehmen. Auch hier sollten Sie auf eine weitere Kooperation verzichten. Seriöse Headhunter erkennt man daran, dass sie sich in dem Umfeld, für das sie auf der Personalsuche sind, extrem gut auskennen. Das bemerken Sie sofort, wenn Sie in das Gespräch einsteigen und die zu besetzende Stelle beschrieben wird. Hier purzeln dann schon die ersten Insiderinformationen über das Business und den Markt.

Es ist übrigens völlig normal, wenn der Headhunter seinen Kunden und das Unternehmen erst einmal nicht nennt. Das kann verschiedene Gründe haben. Oft ist es so, dass der Mitbestimmungspartner (Betriebsrat) die innerbetriebliche Ausschreibung durchsetzt und die Fristen gewahrt haben möchte, obwohl das Unternehmen weiß, dass für diese Position keiner aus der Belegschaft infrage kommt. Parallel dazu beauftragen dann Unternehmen eben diese Personalagenturen, die dann auf die Suche gehen. Nerven Sie also den Headhunter nicht damit, dass Sie unbedingt wissen müssen, um welches Unternehmen es sich handelt. Das ist unprofessionell, und wenn man der Meinung ist, dass Sie für die Position infrage kommen, wird man Ihnen sagen, um welche Firma es sich handelt.

Zuerst einmal sollten Sie sich genauso verhalten, wie bei einem ganz normalen Personalgespräch. Headhunter sind auf bestimmte Firmen und Gebiete spezialisiert und kennen die Geschäftsführer dieser Unternehmen meist persönlich sehr gut. Das heißt, diese Leute haben einen Ruf zu verlieren. Nach etwa zwei bis drei Fachgesprächen am Telefon erfolgt meist eine Einladung in das Büro der Personalagentur. Bringen Sie bitte Ihren Lebenslauf mit und Kopien aller notwendigen Unterlagen. Hier gilt es, den Headhunter mit allen beschriebenen Fähigkeiten zu überzeugen.

Wenn Sie das geschafft haben, geschieht etwas Wunderbares. Der Headhunter schlägt sich mit einem Mal auf Ihre Seite und wird zu Ihrem Verbündeten. Gewöhnlich kassieren diese Leute eine Provision von drei bis vier Monatsgehältern des Gehaltes, welches Sie künftig dort verdienen werden. Sie haben nun einen ganz persönlichen Bewerbercoach, der eine Beteiligung an Ihren Erfolg haben wird und deshalb ein sehr großes Interesse hat, dass Sie den Job bekommen.

Da der Headhunter nun auf Ihrer Seite ist, sollten Sie ihn zum Unternehmen befragen. Welche Unternehmenskultur herrscht dort? Worauf legen die Fachabteilungen großen Wert? Wie läuft das Gespräch im Allgemeinen ab? Diese Informationen helfen Ihnen sehr bei der Vorbereitung, aber damit nicht genug. Auch während des Vorstellungsgespräches werden Sie von Ihrem Headhunter begleitet. Für gewöhnlich sitzt er neben Ihnen und spielt Ihnen die Bälle zu. Nehmen Sie sie auf und gehen darauf ein. Sie sind nun ein Team und haben ein gemeinsames Ziel, das es zu erreichen gilt.

Wenn es dann mit der neuen Stelle geklappt hat, sollten Sie auf keinen Fall den Kontakt zu diesen Personen aus den Augen verlieren. Rufen Sie immer mal wieder dort an und berichten, wie es läuft. Halten Sie auch deshalb Kontakt, weil sich in ferner Zukunft wieder etwas ergeben kann und gute Kontakte zu Headhunter einfach unbezahlbar sind.

Was aber, wenn man nicht das Glück hat und von keinem dieser Headhunter kontaktiert wird? Ist man dann dazu verdammt, ewig zu warten? Nein! Werden Sie einfach selbst aktiv und gehen auf diese Unternehmen zu. Googlen Sie Personalagenturen in Ihrer Stadt und erstellen Sie eine Liste der Agenturen, die in Ihrer Branche tätig sind. Rufen Sie dort an und fragen, ob Interesse an Ihrer Person bzw. Arbeitskraft besteht. Fast immer wird man fragen, ob man Ihre Daten in der Datenbank speichern darf. Personalagenturen leben davon, eine gute Datenbank mit ausreichend qualifiziertem Personal zu besitzen. Und vielleicht hören Sie dann auch demnächst die Frage am Telefon: „Guten Tag, hier spricht Frau/Herr ..., entschuldigen Sie bitte die Störung, aber können Sie frei reden?"

Bewerber-Homepage:

Eine eigene Bewerber-Homepage kostet eine Menge Arbeit und Erfahrung. Bevor Sie sich hier mit CSS und HTML oder noch schlimmer mit einem billigen Web-Baukasten selbst ins Aus schießen, verzichten Sie auf das Gimmick. Eine Bewerber-Homepage macht wirklich nur dann Sinn, wenn Sie sich im IT-Bereich bewerben und hier bereits zu Ihrer aussagekräftigen Bewerbung ein Stück Ihrer Arbeit präsentieren möchten.

Auf keinen Fall sollte die Bewerber-Homepage ein Teil Ihrer privaten Homepage sein. Kein Personalverantwortlicher wird sich mit einer kurzen Mail wie „Ich habe Interesse an Ihrem Job, gehen Sie doch mal auf meine Homepage, um mehr zu erfahren" hinter dem Ofen hervorlocken lassen. Ich sage Ihnen auch, warum das so ist. Eine Bewerber-Homepage ist nichts anderes als Standard. Hier fehlt ganz einfach der Bezug zum Unternehmen und zur bevorstehenden Aufgabe. Warum sollte ein Personalverantwortlicher von sich aus auf Ihre Homepage gehen? Sparen Sie sich die Mühe.

Im Kapitel Online-Reputation biete ich Ihnen eine Alternative, die Sie so richtig gut aussehen lässt. Sie sind online und müssen nicht extra darauf hinweisen.

Stellengesuche:

Es ist der 19. Oktober 2009, das Versandhaus Quelle meldet Insolvenz an und Tausende von Arbeitnehmern sind plötzlich ohne Job. Der Andrang ist derart groß, dass die Agentur für Arbeit vorübergehend eine Zweigstelle innerhalb des Unternehmens Quelle eröffnet. Fünf Vorstandssekretärinnen wollen sich mit der bevorstehenden Arbeitslosigkeit nicht abfinden und nehmen die Suche nach einem neuen Arbeitgeber selbst in die Hand. *Sekretärinnen suchen neuen Chef*, stand auf einem überdimensionalen Plakat, das fast die ganze Front des Nürnberger Hauptbahnhofes einnahm. Viele weitere Hochglanzplakate folgten. Mit den Plakaten kamen die Anfragen der lokalen Presse. Plötzlich wollte jeder Radiosender ein Interview mit einer der Damen führen. Unternehmen, die Interesse zeigten, waren auch im Gespräch. Alle fünf Sekretärinnen haben eine Anstellung gefunden und wurden noch Monate danach immer wieder auf diese Aktion angesprochen.

Dies ist ein Beispiel, bei dem eine Anzeige so richtig eingeschlagen hat. Wenn Sie in einer Zeitung eine Annonce schalten, kostet es Sie zwischen 250 bis 350 Euro und nun die schlechte Nachricht: Sie können das nur als begleitende Maßnahme sehen. Leider ist es nicht so, dass Personalverantwortliche den ganzen Tag nur die Stellengesuche durchforsten und Sie dann bitten, doch bei Ihnen anzufangen. Wenn Sie nicht so eine derart heiße Aktion wie die fünf Damen vorweisen können, empfehle ich die saubere Recherche und eine Initiativbewerbung. Das ist günstiger und die Aussicht auf Erfolg ist weitaus größer.

Shorties kurz und knapp:

Prüfen Sie Ihr Arbeitszeugnis anhand der Entschlüsselungslisten.

Nach rund zwei Wochen können Sie beim Unternehmen nachfassen. Sie können dies telefonisch oder mittels eines freundlichen Schreibens tun.

Lernen Sie aus dem, was man Ihnen sagt und wenden Sie dieses Wissen für sich an, indem Sie Ihre Unterlagen permanent anpassen.

Nehmen Sie Absagen nicht als Misserfolg hin, sondern als Chance, etwas dazugelernt zu haben.

Entwerfen Sie Ihren ganz persönlichen Bewerber-Elevator-Pitch und wenden ihn bei Telefonaten und Gesprächen mit dem Personalentscheider an.

Nehmen Sie gezielt Kontakt zu Personaldienstleistern Ihrer Branche auf und nutzen Sie deren Netzwerke.

Wenn Sie nicht Programmierer sind und ein Arbeitsmuster zu bieten haben, das es in sich hat, sollten Sie auf eine Bewerbungshomepage verzichten.

Stellengesuche bringen nur dann etwas, wenn es einen wahren Kick dazu gibt. Beschränken Sie sich bei Stellengesuchen auf die Internetportale. Das ist günstiger und der Personalverantwortliche kann gezielt in der Datenbank des Portals suchen.

Ein Tag im Leben eines Personalers:
oder
Lernen aus den Fehlern anderer:

07:01h

Herr Jansen brüht sich den ersten Kaffee des Tages auf. Vor drei Tagen hat er eine Annonce in monster.de geschaltet. Ein Mitarbeiter für den Vertrieb wird gesucht. Heute erwartet er die ersten Reaktionen.

07:20h

Der Chef von Herrn Jansen hat gerade angerufen und gefragt, ob sich mit dem neuen Vertriebsmitarbeiter schon was getan hat. Herr Jansen erklärt, dass dies wohl noch etwas dauert, worauf der Chef nur kurzatmig meint „Herr Jansen, wo es nicht glatt ist, kann man rennen."

07:55h

Die Fachabteilung ruft an. Man habe wohl vergessen zu erwähnen, dass der Bewerber auch Erfahrungen im Außendienst benötigt. „Schreiben Sie es doch in Ihr Internet einfach noch dazu, ja?", sagt Frau Betz, worauf Herr Jansen genervt antwortet: „Würde ich ja gerne, aber ich habe das Internet vorhin versehentlich gelöscht." Herr Jansen hört noch die Wortfetzen von Frau Betz, bevor sie den Hörer auflegt: „Boahhh Leute, der Jansen hat gerade das Internet gelöscht."

08:43h

Der Chef der IT-Abteilung meldet sich bei Herrn Jansen und erklärt ihm, dass die Server in dem Monat schon zum vierten Mal abgestürzt sind. Grund hierfür sei eine unerkläriche hohe Anzahl von Mails mit Anlagen im zweistelligen MB Bereich, die an ihn adressiert waren. Zur Sicherheit wurden diese Mails gelöscht. Die Server funktionieren seitdem wieder.

09:34h
Weitere Mails trudeln bei Herrn Jansen ein:

Hallo Herr Jansen, ist der Job noch frei? Ich würde es machen. Was kann ich bei Ihnen verdienen?

Sehr geehrte Damen und Herren, wann kann ich bei Ihnen anfangen? Ich bin 39 Jahre jung und sehr belastbar. Mfg

Die Mails werden mit einem Kopfschütteln gelöscht.

10:44h
Der Postbote kommt, da einige der Postzustellungen nicht ausreichend frankiert sind, es sollen 14,95 Euro nachgezahlt werden.

11:45h
Herr Jansen sortiert die Bewerbungen, dabei macht er drei Stapel:

Einladen
Vielleicht
Absagen

12:45h
Herr Jansen sieht sich den Stapel *Einladen* genauer an und informiert die Fachabteilung. Die fordert sofort je eine komplette Kopie der Bewerbung an. Herr Jansen steht vor dem Kopierer und muss jedes einzelne Blatt der Unterlagen aus einer Klarsichtfolie herausnehmen und wieder hineinfummeln. Mit jedem Blatt, das er aus der Folie für den Kopierer entnehmen muss, sinkt die Sympathie für den Bewerber.

13:00h

Für eine genaue Einschätzung vergleicht Herr Jansen nochmals die Lebensläufe der unterschiedlichen Bewerber. Leider haben einige der Bewerber bei der Chronologie Ihrer Daten im Lebenslauf mit der ältesten Beschäftigung begonnen. Andere wiederum haben es richtig gemacht und beginnen mit der aktuellsten Position. Herr Jansen ist schier am Verzweifeln.

14:15h

Endlich ein paar Anrufe interessierter und kompetenter Bewerber. Herr Jansen schöpft Hoffnung und sogleich hebt sich seine Laune. Er freut sich über das Interesse und gibt bereitwillig Auskunft. Freut sich jetzt schon auf die Unterlagen der Anrufer. Er ruft Frau Betz von der Fachabteilung an und sagt ihr, dass das Internet wohl wieder aufgetaucht ist und dass man das alles dem Chef der IT-Abteilung und seinen tollen Servern zu verdanken habe. Kurz bevor Frau Betz auflegt, hört der die Wortfetzen: „Boahh Leute, der IT-Fuzzi hat das Internet gerettet."

14:47h

Herr Jansen liest sich die Anschreiben nochmals durch. Einige Bewerber haben den Kern des Problems seines Unternehmens genau getroffen. Wahnsinn, er fragt sich, wie das wohl recherchiert wurde, und ist schon sehr gespannt auf die Antworten beim Vorstellungsgespräch.

15:15h

Herr Jansen hat sich vier Bewerber ausgesucht, in die engere Wahl genommen und möchte die Kandidaten einladen. Bei zwei dieser Kandidaten fehlt allerdings die Telefonnummer. Entnervt sucht Herr Jansen im Internet nach einer Handynummer.

16:45h

Herr Jansen ruft die ersten Bewerber an. Manche begrüßen ihn und verwechseln die Firma, andere wiederum sind derart überrascht, dass sie keinen Ton hervorbringen. Bei der Frage: „Was machen Sie gerade und erzählen Sie mal kurz was über sich?", hört er ein professionelles: „ÄHHHHHH."

17:45h

Herr Jansen bereitet sich auf den Feierabend vor. An der Stempeluhr trifft er Frau Betz. Frau Betz ist noch immer völlig außer sich und fragt Herrn Jansen, wie es denn nur passieren konnte, das Internet versehentlich zu löschen.

4

Online-Reputation

Spätestens seit WEB 2.0 kommt niemand mehr am Internet vorbei, sei es nun direkt oder indirekt. Wir leben mitten im *Social Network Zeitalter* und kommen scheinbar gut damit zurecht. Es werden vermeintlich kostenlose Dienste angeboten, die man letztendlich aber doch bezahlt. Das glauben Sie nicht?

Ein Beispiel:

Der Suchmaschinendienst Google ist kostenlos, Sie geben Ihren Suchbegriff ein und bekommen entsprechende Internetseiten vorgeschlagen. Im Hintergrund speichert Google aber Ihren Suchbegriff ab, Sie haben also mit einem kleinen Teil Ihrer Privatsphäre für den Dienst bezahlt. So hat Google kürzlich eine Karte erstellt, bei der bundesweit die Häufung ausgewertet wurde, welcher Suchbegriff einer bestimmten Grippeart eingegeben wurde. Dies kann

Rückschlüsse darüber geben, wo in Deutschland die Grippe am häufigsten auftaucht. Zumindest aber, welche Bürger eines bestimmten Ortes oder einer Region sich die meisten Gedanken darüber machen bzw. damit beschäftigen. Den Sieg von Lena beim Eurovision Songcontest hat Google bereits einige Tage vor dem Event prophezeit.

Noch deutlicher wird es bei Goggle Mail: Google liest alle

Ihre Mails. Zu erkennen ist das daran, dass Sie zu den Inhalten Ihrer Mails am rechten Rand gezielt Werbung bekommen. Wie Sie sehen, die Möglichkeiten sind unbegrenzt, letztendlich geht es darum, ein Profil zu erstellen und Sie gezielt mit Werbung zu versorgen. Während es sich hierbei noch um Informationen allgemeiner Natur handelt, wird es in den Social Networks so richtig privat. Spätestens seit Einführung der Smartphones berichten einzelne Personen Ihrer Community genau das, was sie gerade im Moment so treiben. Alle diese Informationen werden abgespeichert und nie mehr gelöscht. Es sind Daten für die Ewigkeit. Dessen sollte man sich immer und jederzeit bewusst sein.

Juli 2012 irgendwo in Deutschland. Markus feiert ausgelassen mit seinen Freunden im Bierzelt eines örtlichen Straßenfestes. Zur fortgeschrittenen Stunde und nach einigen Bierchen juckt es Markus derart in den Beinen, dass er auf der Bühne fröhlich tanzt. Eine ältere Dame, auch nicht mehr ganz nüchtern, gesellt sich zu ihm und beide hüpfen ungezwungen zur Musik. Als Markus beginnt, ausgelassen einen Kasatschok zu tanzen, steht das Zelt Kopf. Seine Freunde nehmen dieses Ereignis mit ihren Video-Handys auf und stellen das Video bei YouTube und Facebook mit Markus Namen ein. Noch Wochen danach lachen alle und Markus wird gefeiert.

Szenenwechsel:

Sechs Monate später: Markus bewirbt sich als Abteilungsleiter bei einer großen Drogerie-Kette. Mitarbeiterführung sowie eigenverantwortliches Arbeiten waren schon immer sein Traum, der Job könnte den Einstieg in die Führungsebene bedeuten. Am Telefon erfährt Markus, dass er in der engeren Wahl ist. Sorgfältig bereitet er sich auf sein zweites Vorstellungsgespräch vor.

Plötzlich aber kommt – wie aus heiterem Himmel – eine Absage. Was ist geschehen? Mit großer Wahrscheinlichkeit hat man Markus gegoogelt und sah die künftige Führungskraft bei YouTube oder Facebook besoffen und Kasatschok tanzend eine ältere Dame anbaggern. Als die Szene kommt, in der Markus wild sein Becken kreisen lässt und ekstatische Bewegungen ähnlich dem Fruchtbar-keitstanz der afrikanischen Swazi vollführt, ist die Entscheidung beim Personalentscheider gegen ihn gefallen.

Wenn Sie gerne in Social Networks unterwegs sind und in re-gelmäßigen Abständen Nachrichten posten, könnten Sie bei einer der Fangfragen bei einem Vorstellungsgespräch leicht ins Grübeln geraten.

• Haben Sie schon mal einen persönlich beleidigenden Kom-mentar in einem Blog gepostet? Wir haben da kürzlich etwas ge-funden bei … Wie hieß das Blog doch gleich …?

• Wir haben ein Video im Netz gefunden, dass Sie beim Fuß-ballspielen zeigt. Dabei foulen Sie einen Mitspieler, was der Schieds-richter jedoch nicht gesehen hat. Würden Sie sich auch bei uns über Regeln hinwegsetzen, wenn es Ihnen nutzt?

• Auf Facebook schreiben Sie häufig, dass Sie gerade keine Lust haben zu arbeiten. Sind Sie jemand, der stark motiviert werden muss?

• In Ihrem Anschreiben steht, dass Sie gute Kontakte in Ihrer Branche besitzen. In Xing sind Sie aber mit den einschlägigen Leu-ten und auch mit vielen Ihrer Kollegen gar nicht vernetzt. Wie er-klären Sie sich das?

• Bei unserer Onlinerecherche haben wir festgestellt, dass Sie bei Ihrem bisherigen Arbeitgeber während der Arbeitszeit viel on-line waren und in Blogs sowie in Foren häufig Kommentare gepos-tet haben. War das in Ihrem bisherigen Job erlaubt oder waren Sie dort nicht ausgelastet?

• In Ihrem Lebenslauf steht, dass Sie sich zwischen März und August weitergebildet haben. Bei Facebook findet man aus dieser Zeit aber fast ausschließlich Strandfotos aus Südamerika von Ihnen. Worin genau bestand die Weiterbildung?

Diese beiden Beispiele zeigen auf, dass man sowohl bewusst als auch unbewusst Teil des Internets werden kann. Markus muss nicht mal einen PC besitzen und kann sich trotzdem dem Medium nicht entziehen. Während andere Bewerber aufgrund Ihrer Aktivitäten im Internet bei einem Vorstellungsgespräch plötzlich aus allen Wolken fallen.

Das Internet vergisst einmal gespeicherte Informationen nie mehr, einmal hochgeladen tauchen diese immer wieder auf. Es ist auch völlig egal, ob Sie einen PC haben und ins Internet gehen oder nicht. Niemand kann sich mehr dem Medium entziehen, Sie werden automatisch Teil des Internets, wenn jemand weiß, dass es Sie gibt und über Ihre Existenz einen Nachweis darin zurücklässt (*siehe Beispiel Markus*). Das Schlimme ist, dass man für einen negativen Ruf im Internet nur sehr selten etwas kann. Für einen positiven Ruf muss man allerdings sehr hart arbeiten. Fachlich nennt man das die *Online-Reputation*. Wie wichtig eine solche Online-Reputation wirklich ist und welche Auswirkungen sie haben kann, zeigen uns obige Beispiele.

Aber googeln Personalentscheider nun wirklich hinter ihren Bewerbern her? Glaubt man aktuellen Umfragen und den Meldungen der Presse, so nutzen schon heute 80 Prozent der befragten Unternehmen die Informationen aus dem Netz, um sich über die Bewerber zu informieren. Rund 25 Prozent geben an, dass sie Bewerber aufgrund von Informationen aus dem Internet nicht angestellt haben. Auf der anderen Seite sagen 56 Prozent der Befragten, dass sie gerade wegen der Informationen aus dem Internet Zusagen gegeben hätten. Es lohnt also, sich um eine positive Online-Reputation zu kümmern oder zumindest darauf zu achten, sich keine negative einzufangen. Künftig sind Bewerber, die sich mit einer positiven Online-Reputation befassen, klar im Vorteil.

Nur: Wie überprüft man seine Online-Reputation im Internet? Was macht man bei negativen Einträgen oder gar peinlichen Bildern? Sie müssen nicht gleich einen kostspieligen Anwalt einschalten, häufig geht es auch mit etwas Einsatz und gutem Willen. Wie man systematisch im Internet seinen Ruf überprüft und langfristig kontrolliert, negative Einträge bzw. Bilder entfernen kann und eine positive Reputation erstellt, erkläre ich Ihnen jetzt.

Reputations-Check:

Zuerst geben Sie Ihren Namen in Google ein. Wenn Sie nicht gerade Hans Meier heißen oder einen andern Namen besitzen, der häufig vorkommt, kann das schon erste Hinweise über Websites, Foren oder Blogs geben, die Ihren Namen beinhalten.

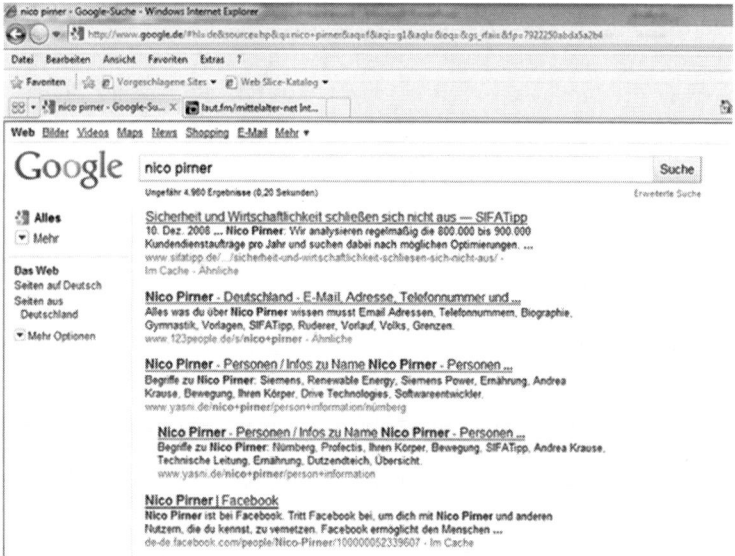

Sehen Sie sich die Einträge in aller Ruhe an und kontrollieren Sie die angezeigten Websites, inwieweit Ihr Name zu bestimmten Themen erwähnt wird. Am einfachsten geht das, wenn Sie die Website mit dem Internet Explorer Suchdialog durchsuchen. Drücken Sie dabei einfach den Shortcut [Strg + F] und geben Ihren Namen ein. Die Suche über Google ist gängig und meist geht es nicht über diese Option hinaus. Wir gehen aber weiter und graben viel tiefer.

Personensuchmaschinen:

Im Gegensatz zu Google werden in Personensuchmaschinen alle möglichen im Netz verfügbaren Informationen zu einer Suchanfrage zusammengefasst. Dazu zählt beispielsweise die Beteiligung in sozialen Netzwerken wie Xing, Facebook, Google+ und andere. Es werden auch Publikationen dieser Person erwähnt. Die Ergebnisse sind prinzipiell ähnlich wie diejenigen einer *normalen* Suchmaschine wie Google oder Yahoo. Der Unterschied liegt darin, dass der Algorithmus zur Suche bei Personensuchmaschinen auf die Findung personenbezogener Infos spezialisiert ist. Wir beginnen mit:

www.yasni.de:

Yasni zeigt schon sehr übersichtlich auf, wo Sie bereits Ihre Spuren im Web hinterlassen haben. Die Suchmaschine teilt Ihre Ergebnisse dabei in bestimmte Bereiche auf.

Bereits ab hier wird es spannend. Sie sehen, dass Yasni die Amazon-Wunschliste ausliest und bei einem Klick auf den Link können Sie die Amazon-Wunschliste der gesuchten Person einsehen. Den meisten Amazon-Kunden ist das gar nicht bewusst. Sie nutzen die Wunschliste, um sich einmal ausgewählte Buchtitel für einen späteren Zeitpunkt zu merken. In Wirklichkeit aber ist die Amazon Wunschliste dafür gedacht, dass Freunde Ihnen ein Buch schenken können. Man kann das mit einem Hochzeitstisch vergleichen: Auf einem großen Tisch sind die Wünsche des Brautpaares ausgestellt und die Gäste und Freunde können somit nichts Falsches verschenken.

Genau so funktioniert auch die Wunschliste von Amazon, die Idee ist genial. Die Wunschliste ist also *für jeden* im Internet sichtbar und die Art der Bücher, die Sie für sich ausgewählt haben, sagt schon einiges über Ihren Charakter und Ihre Interessen aus. So kommt es zum Beispiel etwas widersprüchlich, wenn Sie sich als charakterfest durchsetzungsfähig beschreiben und Ihre Wunschliste bei Amazon voll ist mit Büchern wie:

Mein Goldfisch zwinkert mir nie zu, ist er etwa sauer auf mich?

Es heißt, im Frühjahr schlagen die Bäume aus, wie kann ich mich dagegen schützen?"

Des Weiteren werden von Yasni alle Bilder und Videos, die auf irgendeiner Weise mit Ihrem Namen verknüpft worden sind, ausgegeben. Entdecken Sie sich auf einem der Bilder, dann klicken Sie es an, um die Website zu identifizieren, auf der es sich befindet. Bei Links, die unten aufgeführt werden, prüfen Sie bitte die Webseiten und Foren nach evtl. Einträgen, die Ihren Namen enthalten.

Zur Sicherheit machen Sie noch einen Quer-Check über die Personensuchmaschine aus Österreich *www.123people.com* – auch hier prüfen Sie die Bilder und Links auf eventuelle Spuren, die Sie oder andere über Sie hinterlassen haben. Bei 123people.com wird mit einer Echt-Zeit-Suche fast das gesamte Internet durchsucht.

Die Suchmaschine greift auf einen sogenannten proprietären Suchalgorithmus zurück und findet somit zusammenhängende und gebündelte Informationen, die sich aus öffentlichen Daten, Telefonnummern, Adressen, Bildern, Videos und E-Mail-Adressen zusammensetzen. Des Weiteren werden Facebook und andere soziale Netzwerke wie MySpace, LinkedIn, Xing, Wikipedia profile (Profile) und viele mehr durchsucht.

Aber damit nicht genug, wir gehen noch tiefer in den Datensumpf, schippen alles heraus, was das Web hergibt.

www.pipl.com:

Mit *pipl.com* sind Sie noch tiefer im World Wide Web unterwegs. Pipl sucht auch nach Mail-Adressen und – ganz besonders gefährlich – nach Pseudonymen. Wenn Sie bisher dachten, dass ein Pseudonym Ihnen Schutz bietet und Sie damit unerkannt lauter lustige Dinge anstellen können, sollten Sie eines bitte ganz besonders beachten.

Angenommen Sie haben für sich ein tolles Pseudonym gefunden, ein Pseudonym, das Sie ihrer Meinung nach gut beschreibt und das Ihnen super gefällt. Was liegt näher, als sich mit dem Pseudonym auch noch bei einem Mail-Account anzumelden? Sehen Sie, hier ist die Verbindung zu Ihrem echten Namen, wenn Sie sich nun richtig registrieren. Senden Sie nun eine Mail an eine Person, kann über das Pseudonym gesucht werden und alle fröhlichen Streiche werden offenkundig.

Nun will Ihnen keiner zumuten, diesen Aufwand täglich durchzuführen. Das Web lebt ja bekanntlich und Einträge werden ständig geändert oder kommen hinzu. Deshalb melden Sie sich bei Google Alerts an und sagen der Suchmaschine, dass sie sich bei Änderungen im Web einfach melden soll. Sie bekommen dann eine Mail, sobald sich was tut. Ist das nicht genial? Sie haben damit einen Wachhund, der das Netz bezüglich Ihres Namens überwacht und Laut gibt, wenn sich was tut – und das völlig kostenlos.

In das erste Feld geben Sie den gesuchten Begriff ein, zum Beispiel Ihren Namen. Im Feld *Typ* haben Sie die Auswahl zwischen den Bereichen News, Blogs, Video, Diskussionen und Alle zu wählen. Wir nehmen *Alle*. Im Feld *Häufigkeit* können Sie den Zeitraum angeben, in dem Google Alerts für Sie suchen soll. Hier hat sich die Voreinstellung *Einmal täglich* bewährt. Sind keine Änderungen im Web, dann werden Sie auch nicht belästigt. Im Feld Umfang wählen Sie *alle Ergebnisse*. Tragen Sie dann Ihre Mail-Adresse ein und schon ist der Wachhund scharf und bellt in Form einer Mail, wenn sich im Web etwas bewegt.

Haben Sie alles gecheckt? Sehr gut, ich gehe davon aus, dass sich keine negativen Einträge oder peinliche Bilder über Sie im Web befinden. Für den Fall, dass aber doch, müssen Sie Detektiv spielen und aktiv werden.

Den Besitzer der Domain ermitteln:

Wie Sie sicherlich wissen, muss jede Domain bei einer zentralen Stelle registriert werden. Für die deutschen .de Adressen ist das die DENIC, bei der die Provider (also Firmen, die Ihnen Webspace vermieten) anfragen, ob die Adresse möglicherweise schon registriert ist, und wenn nein, ein Eintrag auf Ihren Namen erfolgt, sofern Sie diesen beantragt haben. Dies heißt wiederum für Sie, dass Sie bei jeder *.de-Adresse*, die bereits registriert wurde, auch den Besitzer ermitteln können. Unter dem Link *www.denic.de* geben Sie einfach den Link ein.

Denic teilt Ihnen mit, dass die Domain mit dem eingegebenen Namen bereits vergeben ist. Klar, nämlich genau an den Besitzer, den wir ermitteln möchten. Mit einem Klick auf *Domainabfrage/ whois* wird Ihnen die Adresse des Besitzers angezeigt. Diese Person haftet für die Inhalte der Domain. Sie ist der echte Besitzer, im Impressum muss nicht zwingend der Name oder die Firma des Besitzers aufgeführt sein, oft fehlt ein Impressum auch komplett. Deshalb gehen Sie diesen Weg.

Bei allen anderen Adressen wie com, eu, info ... wählen Sie den Link *www.united-domains.co*m. Tragen Sie auch hier den Link ein und bestätigen Sie diesen mit dem Button *Prüfen*.

Bei einem Klick auf den *whois-Button* wird Ihnen zumindest noch der Provider angezeigt. Mit dessen Hilfe können Sie dann versuchen, den Besitzer der Domain ausfindig zu machen.

Nachdem Sie nun den Link mit den Inhalten, die Sie entfernt haben möchten und dessen Besitzer ermittelt haben, kann es losgehen. Schreiben Sie dem Domainbesitzer eine nette Mail und bitten ihn den Eintrag bzw. das Bild für Sie zu entfernen. Bleiben Sie dabei stets freundlich und höflich. Erklären Sie, warum Sie diesen Beitrag bzw. das Bild entfernt haben möchten. Am besten mit einem Beispiel, sodass sich die Person etwas darunter vorstellen und Ihr Anliegen nachvollziehen kann.

Sollte sich nach zwei Wochen noch nichts getan haben, fassen Sie nach und schreiben einen weiteren Brief. Erklären Sie dem Domainbesitzer, dass es sich bei dem Text oder Bild, das Sie in einem peinlichen Licht erscheinen lässt, um eine sogenannte „Denigration" handelt. Das heißt auf Deutsch: „Bloßstellung durch das Online-Stellen von peinlichen Texten, Bildern und Videos". Hierbei handelt es sich um eine Verletzung des höchstpersönlichen Lebensbereichs durch Bildaufnahmen §201A STGB. Damit haben Sie noch ein letztes Druckmittel in Händen. Leider sind Sie in der Situation darauf angewiesen, dass man Ihrer Bitte nachkommt. Sollte sich längerfristig nichts ergeben, bleibt Ihnen dann nur noch der Gang zum Anwalt. Nichts anderes machen im übrigen Firmen, die sich auf das Reputationsmanagement und das Reputationsmonitoring spezialisiert haben.

Ein Kompromiss, der sich anbietet, wäre, seine eigene gute Online-Reputation aufzubauen und den peinlichen Webeintrag dadurch im Ranking der Suchmaschinen ganz nach hinten zu stellen. Das ist etwas zeitaufwendig, verlangt zudem Routine und Ausdauer, aber es ist billiger, als einen Anwalt einzuschalten, der womöglich nur Geld kostet.

Erstellen einer positiven Online-Reputation:

Eine gute Online-Reputation ergibt sich aus einer großen Anzahl von positiven Einträgen, die man über Sie im Internet findet. Wir werden uns nun also genau darum kümmern. Lassen Sie uns mit den wirksamen und schnellen Maßnahmen beginnen, die bringen Erfolg und motivieren am Ball zu bleiben.

Erinnern Sie sich noch an die Amazon-Wunschliste? Die Wunschliste ist eine einfache und wirksame Methode, um Ihre Reputation zu verbessern. Falls Sie noch nicht bei Amazon registriert sind, tun Sie es gleich jetzt und loggen sich ein. Suchen Sie sich eine gewisse Anzahl an Fachbüchern, die Ihrer weiteren Aus- bzw. Fortbildung dienlich sind, heraus und klicken Sie auf *Wunschzettel*. Bitte übertreiben Sie nicht, mischen Sie ruhig mal einen interessanten Roman mit unter und bleiben Sie authentisch. Mit der richtigen Auswahl der Bücher sind Sie Ihrem Ziel einer guten Online-Reputation schon ein großes Stück näher. Als Nächstes überlegen Sie bitte, ob Sie sich eventuell ehrenamtlich engagieren möchten. Ja, Sie haben schon richtig gelesen. Ein Ehrenamt kann Ihnen sehr schnell zu einer positiven Online-Reputation verhelfen. Vor rund zwei Jahren habe ich mich bei der Innung für Elektro- und Informationstechnik gemeldet und um ein Ehrenamt beworben. Zum einen, weil sich die Interessen der Innung sehr stark mit meinen decken, zum anderen, weil ich sehr gerne mit jungen Menschen zusammenarbeite. Nachdem ich in den Gesellenprüfungsausschuss gewählt wurde, fand ich kurz darauf folgenden Eintrag im Web.

Mitgliederliste - NLP-Netzwerk Bayern e. V.
Nico Pirner, PROFECTIS, Duisburger Str. 57 90451 Nürnberg, **Nico**.pirner@gmail.com. Dr. rer.
nat. Gudrun Cornelia Reinschmidt, Dr. Reinschmidt-Marketing und ...
www.nlp-netzwerk-bayern.de/mitglieder.html - Im Cache - Ähnliche

Engagiert man sich bei derartigen Verbänden, ist man ganz schnell vorne mit dabei, der Aufwand ist dabei gering. Lediglich Ihr persönliches Engagement wird hier gefragt – und das sollte es Ihnen schon wert sein. Außerdem ist eine Innung oder Handwerkskammer immer ein guter Ort für Networking. Ich habe dadurch schon viele wichtige Informationen für mich gewinnen können. Noch weniger Aufwand ist die Mitgliedschaft in einem wissenschaftlichen oder technischen Verein. Auch hier wird man auf deren Webseiten namentlich aufgeführt.

Wir kommen nun zu einem weiteren Schritt auf dem Weg zu einer positiven Online-Reputation im Bewerbungsprozess. Melden Sie sich im Business Portal Xing *www.xing.de* an und tragen dort alle relevanten Daten über sich ein. Pflegen Sie dort neue Kontakte und werden Sie Mitglied in vielen interessanten Gruppen.

Xing gibt Ihnen die Möglichkeit, Ihren Lebenslauf einzugeben. Tragen Sie alle relevanten Daten ein. Wenn Sie gerade auf Jobsuche sind, tragen Sie beim Punkt Firma *Hier könnte Ihr Name stehen* ein. Wenn Sie bei Xing registriert sind, sind Sie in Google automatisch mit auf der ersten Seite. Xing ist eine weitere tolle Möglichkeit, seine Online-Reputation zu verbessern. Ganz nebenbei bemerkt – Xing ist *der* Tummelplatz für Headhunter. Machen sie in Xing auf sich aufmerksam und schreiben Sie Beiträge, die der Community nutzen. Das fällt auf und zeigt, wie sehr Sie sich mit der Thematik beschäftigen. Ich habe einmal einen Beitrag über Shortcuts bei Xing in das *123 Effizienz Forum* geschrieben. Die Community ist sehr dankbar und Sie bekommen immer konstruktives Feedback.

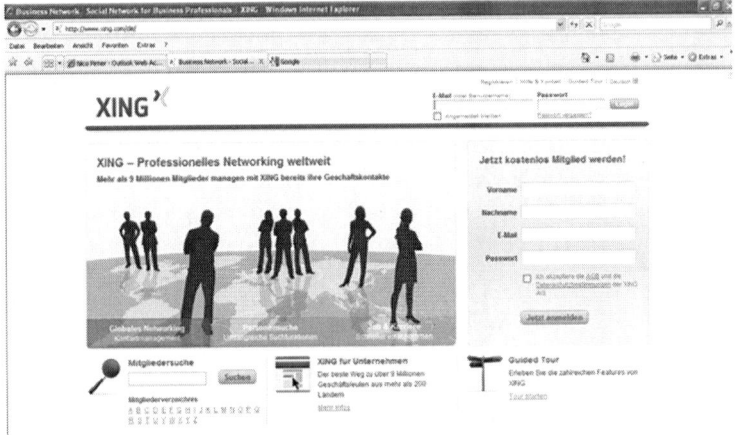

Vom Umgang mit Facebook:

Stellen Sie sich folgende Situation vor: Sie gehen in ein großes Kaufhaus und begeben sich in die DVD-Abteilung. Dort machen Sie sich die Taschen mit den aktuellen Film DVDs so richtig voll und lassen diese ohne zu bezahlen mitgehen. Zuhause angekommen gehen Sie ins Internet auf Ihre Homepage, die Ihren Vor- und Zunamen als Webadresse zeigt. Sie lassen sich mit Ihrem Diebesgut ablichten und schreiben unter das Bild folgenden Text: „Hallo ich habe diese Filme soeben gestohlen."

Gibt es Menschen, die so etwas tun? Ja, die gibt es, es sind Menschen, die auf dem jetzt verbotenen und bereits gelöschten Portal Kino.to den sogenannten „Gefällt mir Button" gedrückt haben. Bei einigen Blockbustern waren das über 900 User. User, die mit ihren echten Namen in Facebook registriert sind. Seitens der Staatsanwaltschaft wurde überprüft, inwieweit diese Personen belangt werden können.

Facebook ist das Medium Nr. 1, wenn es darum geht, mal etwas so richtig schief gehen zu lassen. Ich selbst bin schon sehr lange bei Facebook und habe diesbezüglich schon einiges erlebt:

Wenn der Chef mitliest und Mitarbeiter fliegen: Wie naiv sind Menschen, die sich in Facebook darüber beschweren, dass Ihr Chef ihnen nachstellt und sie noch dazu mit „doofen Aufgaben" nervt? Jetzt mal ganz ehrlich, welchen Mehrwert bringt so eine Story und vor allem, was bringt es einem, dies in die virtuelle Welt hinauszuschreien? Wie auch immer, die Story endete damit, dass der Chef sich auf der Pinnwand der belästigten und unterdrückten Dame meldete. Er outete sich als homosexuell und schrieb in der letzten Zeile noch, dass sie gefeuert sei und ihre Papiere gleich am nächsten Tag abholen dürfe. In einer Zeit, in der Firmen Facebook als weiteres Medium für Werbung entdeckt haben, sollten Vorsicht und Zurückhaltung Ihre besten Freunde beim Posten sein.

Ja so ist das, Chefs sind auch nur Menschen und sind demzufolge auch in Facebook unterwegs. Oft gehen auch Personaler in Social Networks wie Facebook, um über die Bewerber zu recherchieren. Da lernt man seinen derzeitigen und künftigen Mitarbeiter von der privaten Seite so richtig gut kennen. Hier werden alle Vorlieben genau beschrieben und es ist ein Leichtes, sich über die Person ein Bild zu machen.

Hier ist der erste Ansatz, sich korrekt zu verhalten und für eine positive Online-Reputation zu sorgen. Wer bereits am Montagmorgen postet, dass er heute keinen Bock auf Arbeit hat und lieber mal blaumacht, klingt für seine Freunde megacool, der Chef hat aber die Info darüber, dass es an der Motivation mangelt. Facebook bietet eine Einstellung zum Schutz Ihrer Privatsphäre an. Die werde ich Ihnen auf den folgenden Seiten erklären und dabei einige Tipps für den richtigen Umgang mit Facebook geben.

Preisfrage, von wem stammt der Spruch: „Sie vertrauen mir, die Idioten" ... Richtig! Mark Zuckerberg, Gründer von Facebook. Okay! Warum sollten wir ihm dann trauen? Mark hebt unsere Daten für immer auf, er löscht sie nie wieder und erstellt daraus immer bessere Nutzerprofile von uns. Diese Informationen verkauft er irgendwann an die Industrie. Wir haben dem in den AGB zugestimmt und somit nichts dagegen. Der „Gefällt mir-Button" ist dabei das mächtigste Tool von Facebook, denn hier werden Ihre Vorlieben gespeichert.

Zeit, sich mit Facebook zu beschäftigen und die Nutzereinstellung nach und nach so anzupassen, dass das Risiko gering bleibt. Der erste Tipp widerspricht zwar der Philosophie von Netzwerken, ist aber eine gute Möglichkeit, nicht gleich von jedem gefunden zu werden. Dies empfiehlt sich immer dann, wenn man seine feste Community schon hat und bei weiteren Freunden über die persönliche Schiene der Kontakt aufgenommen wird.

Ändern Sie einfach Ihren Namen in Facebook. Legen Sie sich einen Titel zu oder nehmen Sie nur Ihren Vornamen und zweiten Vornamen. Das wird zwar in den AGB von Facebook untersagt, aber wer soll da schon draufkommen?

Persönliche Infos sollten Sie bitte nicht in die Welt hinausschreien. Sehen Sie sich dafür die Privatsphäre-Einstellungen genauer an. Standardmäßig ist eine sehr offenherzige Variante „Empfohlen" von Facebook eingestellt. Alleine der Begriff „Empfohlen" ist dabei schon sehr trügerisch. In dieser Einstellung kann jedes Mitglied Details zu Ihrer Biografie und auch Fotos ansehen.

Willkommen Personaler in meiner kleinen privaten Welt, hier lernst du mich richtig kennen und erkennst sofort, wo und wie ich mal wieder überall auf dem Busch geklopft oder die Sau rausgelassen haben.

Ich rate Ihnen hier die Einstellung so zu definieren, dass „Nur Freunde" und für die weltoffenen Zeitgenossen die Auswahl „Freunde von Freunden" ausgewählt wird. Nun sieht nur noch dieser ausgewählte Kreis, was Sie Facebook anvertrauen. Mit der Auswahl „Benutzerdefinierte Einstellungen" können individuelle Einstellungen vorgenommen werden.

In der Facebook Standardeinstellung existiert zu jedem Mitglied eine öffentliche Seite, die über Suchmaschinen gefunden wird. Auch hier gilt: Überlegen Sie genau, ob Sie in jeder Suchmaschine mit dem Facebook-Foto erscheinen möchten. Auch hier lässt sich in den Benutzereinstellungen diese Funktion deaktivieren. Je nach Suchmaschine wird es einige Tage dauern, bis Sie aus deren Trefferliste verschwunden sind, dies hängt mit der Aktualisierung deren Datenbestände zusammen.

Seit einiger Zeit ist auch die automatische Gesichtserkennung von Facebook aktiviert. Facebook vergleicht beim Hochladen eines Bildes die Gesichter mit bereits bestehen Bildern und markiert diese. Natürlich hat Mark die Funktion für uns schon mal standardmäßig aktiviert. Wenn Sie das nicht möchten, deaktivieren Sie auch diese Funktion in den Benutzereinstellungen.

Haben Sie eben etwas bemerkt? Mark möchte gar nicht, dass Sie sich verstecken. Deshalb ändert er immer wieder die Einstellungen und deren Menüs ab. Ständig kommen neue Funktionen hinzu, die standardmäßig vom User selbst zu deaktivieren sind. Dabei wird es immer schwieriger den Überblick zu behalten, um seine Privatsphäre zu schützen. Unglaublich, aber wahr. Wir sollten wirklich nochmals in aller Ruhe über diese Vorgehensweise nachdenken.

Googeln Sie doch einfach zurück:

Hier noch ein letzter Tipp, der als sogenannte *Streitaxt für den Notfall* verwendet werden kann. Wir leben in einer Bewertungsgesellschaft, in der munter drauflos bewertet wird. Der Tipp funktioniert hervorragend, wenn Sie bereits zum Vorstellungsgespräch geladen und in dem Gespräch mit dubiosen Einträgen über Sie konfrontiert wurden. Manche Personalverantwortlichen möchten sehen, wie Sie sich in solch einer Situation verhalten. Als Vorbereitung dazu sollten Sie grundsätzlich *zurückgoogeln*.

Gehen Sie auf die Web*site www.kununu.de* und tragen dort das gewünschte Unternehmen ein. In Kununu bewerten Mitarbeiter das Unternehmen, in dem sie arbeiten oder beschäftigt waren. Hier wird scheinbar alles gnadenlos offengelegt. Das Führungsverhalten der Chefs, der Umgang mit den Kollegen und das Gehalt. Zudem gibt es noch Freitext, in dem ehemalige und beschäftigte Mitarbeiter Lob oder Tadel schreiben können.

Betrachtet man derartige Bewertungsportale nüchtern, wird einem sehr schnell klar, dass die Bewertung stark davon abhängig ist, wie Mitarbeiter und Unternehmen gerade zueinanderstehen. Die Bewertung erfolgt zudem anonym und genau das ist der Knackpunkt. Kann man solchen Daten überhaupt trauen? Jeder kann in solche Portale hineinschreiben, was und wann immer er möchte. Ist es nicht so, dass die Bedeutung derartiger Informationen im Netz nicht mal mehr die HTML Seite wert sind, auf der sie programmiert wurden? Ja, und genau das sind die Argumente, die

Sie verwenden können, wenn man Sie mit Tatsachen aus dem Netz konfrontiert. Stellen Sie diese Fakten infrage, indem Sie Ihrerseits Informationen aus dem Netz über das Unternehmen aufzeigen, die höchst bedenklich sind, was den Wahrheitsgehalt betrifft. Erklären Sie, wie einfach es heutzutage doch ist, falsche Informationen im Netz zu verbreiten. Es stellt sich hier wirklich die Frage, was und wem im Internet noch geglaubt werden kann oder darf.

Weitere Links zu Bewertungsportalen von Arbeitgebern:
www.jobwote.de
www.jobvoting.de
www.arbeitgebertest.de
www.check-your-job.de
www.kelzen.com

Shorties kurz und knapp:

Führen Sie einen einmaligen Reputationscheck im Internet durch und lassen dann die Überwachung von Google Alerts = digitaler Wachhund den Dienst übernehmen.

Erstellen Sie eine Profilseite in Xing und füllen diese komplett aus. Eine Profilseite im Xing ist besser als jede Bewerberhomepage und sorgt automatisch dafür, dass Sie gesehen werden. Zudem ist Xing für Standarduser kostenlos.

Arbeiten Sie permanent an einer guten Online-Reputation. Dies erhöht Ihre Chancen, ein Jobangebot oder einen Anruf eines Headhunters zu bekommen.

Falls negative Einträge von Ihnen im Internet vorhanden sind, überprüfen Sie Ihre Privatsphären-Einstellungen bei Facebook und passen diese Ihren Bedürfnissen an.

Falls Sie damit rechnen müssen, dass Sie auf negative Einträge im Netz angesprochen werden, bereiten Sie sich bei den entsprechenden Arbeitgeberbewertungsportalen darauf vor.

5

Vorstellungsgespräch

Vorstellungsgespräch bei einem großen Möbelhaus. Der Personalchef sagt zu Ihnen: „Bitte bauen Sie den Stuhl zusammen und setzen Sie sich." Ist ein abgedroschener Witz, aber er sagt alles das aus, worum es beim Vorstellungsgespräch geht. Es geht darum herauszufinden, ob Sie das Papier wert sind, auf dem Sie so blumig beschrieben haben, was für eine heiße Nummer Sie sind.

Mit welchen Gedanken beschäftigen sich aber nun Personalverantwortliche, wenn sie vor der Auswahl der Bewerber stehen? Seine Gedanken könnten wie folgt aussehen:

- Bin ich in der Lage, dem Bewerber ein schlüssiges Bild der zu erledigenden Tätigkeit zu vermitteln? Kann ich es so gut beschreiben, dass der Bewerber die Anforderungen mit seinen Fähigkeiten und Neigungen abgleichen kann?

- Die Fachabteilung und ich sind uns einig darüber, welche gewünschten Verhaltensweisen und Eigenschaften der neue Mitarbeiter vorweisen soll. Wie kann ich meine Vorstellung so deutlich formulieren und herausbekommen, ob sie beim Bewerber vorhanden sind?

- Bei den vielen Gesprächen mit den Bewerbern weiß ich, dass sich jeder bewusst in ein positives Licht stellt. Das ist deren gutes Recht. Nur: Wie finde ich heraus, was davon der Wahrheit entspricht ... und was nicht?

- Mir ist bewusst, dass unterschiedlichste Faktoren ein Gesamtbild erstellen, welches letztendlich zu einer Entscheidung führt. Warum hat bei mir trotzdem immer wieder der persönliche Eindruck die größte Bedeutung bei meiner Entscheidung?

Zusammengefasst kann man sagen: Personalverantwortliche sind sich bei der Beschreibung der Stelle ebenso unsicher wie Sie, wenn es darum geht, sich zu präsentieren. Sie sind sich bewusst, dass Emotionen in ihrer Entscheidung eine Rolle spielen, obwohl sie genau wissen, dass dies nicht zielführend ist.

Zudem herrscht ein Misstrauen gegenüber den Bewerbern, weil diese sich allzu gerne mit fremden Federn schmücken nur um den Job zu bekommen. Ganz nach dem Motto: *Wenn ich erst mal drinsitze, kann mir keiner was.* Das sind die Gedanken von Personalentscheidern im Gespräch.

Wie kann ein Bewerber dem professionell gegenübertreten? Versetzen wir uns dazu in die Lage eines Personalverantwortlichen. Sie führen zwei Bewerbungsgespräche, beide Bewerber kommen den Anforderungen bezüglich der Ausbildung schon sehr nahe und sind somit für das Unternehmen interessant.

Kandidat 1:

Der Bewerber legt Ihnen sehr gute und ausführliche Unterlagen vor. Allerdings fehlt das letzte Arbeitszeugnis. Als er Ihnen seine jetzige Aufgabe beschreibt, fällt Ihnen auf, dass sich die Aufgaben fast bis ins Detail mit der von Ihnen ausgeschriebenen Position decken. Auf Fragen von Ihnen kommen die Antworten wie aus der Pistole geschossen, ja fast schon einstudiert aus dem Mund. Für ihn ungünstige Tatsachen werden verschwiegen, und als Sie ihn darauf ansprechen, einfach nur verharmlost oder als nicht wichtig abgetan. Später bemerken Sie, dass der Bewerber lügt. Sie bemerken, dass sich der Bewerber in Widersprüche verstrickt.

Kandidat 2:

Die Unterlagen des Bewerbers sind komplett. Der Bewerber trägt angemessene Kleidung. Exakt fünf Minuten vor dem vereinbarten Termin ist er da. Obwohl einiges schon in den Unterlagen stand, beantwortete der Bewerber alle Fragen ruhig und sachlich. Sie werden bei Ihren Ausführungen vom Bewerber nicht unterbrochen, er lässt Sie immer ausreden. Über seine letzte bzw. jetzige Firma äußert sich der Bewerber sehr neutral und auf keinen Fall negativ. Der Bewerber verwendet keine gängigen Phrasen bzw. Worthülsen und bemüht sich nicht zwanghaft um Genialität. Mit schlichten und einfachen Worten gewinnt er so nach und nach Ihr Vertrauen. Auf Fragen, die auf Schwachstellen im Lebenslauf hinweisen, erhalten Sie eine Antwort, die plausibel klingt. Als Sie den Bewerber mit der Frage: „Sicher kennen sie die Zeitschrift *Der Büroprofi*, die kennt in unserer Branche ja wohl jeder?", testen, bekommen Sie eine ehrliche Antwort. Die Zeitschrift gibt es nicht, dies ist nur ein Test, um zu prüfen, ob der Bewerber bei der Wahrheit bleibt. Bei den Gründen zu Stellenwechsel hören Sie Aussagen wie „geringe Verantwortung" oder „geringe Aufstiegsmöglichkeiten" sowie „Spannungen wegen Kompetenzüberschreitungen". Dies zeigt, dass der Bewerber selbstständig und eigenverantwortlich arbeitet. Während des gesamten Gespräches haben Sie nicht das Gefühl, dass es hier um mehr Geld oder um übertriebenes Karrieredenken geht.

Kandidat 2 ist bei seinem Vorstellungsgespräch authentisch geblieben und das vermittelt dem Gesprächspartner genau die Message. Während bei Kandidat 1 einfach ein bitterer Nachgeschmack bleibt.

Verhaltensregeln:

Nachfolgend erhalten Sie TOP 10 Verhaltensregeln wie sie von Personalverantwortlichen bei einem Vorstellungsgespräch meistens angewandt werden:

1. Sorgen Sie für eine gute Atmosphäre (Ice breaking).

Ein angemessener Raum wird gesucht. Die Gesprächspartner nehmen sich ausreichend Zeit und beginnen das Gespräch mit dem sogenannten *Ice breaking*. Sie werden gefragt, ob Sie den Weg zur Firma gleich gefunden haben, ob Stau war und wie Sie auf die Firma aufmerksam geworden sind.

2. Das Unternehmen wird Ihnen vorgestellt.

Es folgt ein kurzer Abriss über das Unternehmen, Gründung, Vorstand, Strategie und Geschäftsfelder werden Ihnen hier ausführlich erklärt. Hier ist die Welt des Personalverantwortlichen, wenn Sie hier bereits kluge Zwischenfragen stellen, punkten Sie bereits im Vorfeld recht gut.

3. Führen von halb standardisierten Interviews.

Sie werden nun in ein sogenanntes *halb standardisiertes Interview* geführt. Sie fragen sich, warum das so ist? Nun, letztendlich geht es darum, Sie in eine Entscheidungsmatrix zu bekommen, damit Sie vergleichbar sind.

10:00 Uhr

Punktematrix für Auswahlverfahren

Name: *PETERS*   Vorname: *PETER*

	Punkte*	Anmerkungen
Abschluss bzw. Studium	4	*TECHNIKER AUSBILDUNG + TECHN. KAUFMANN*
Führungserfahrung	2	*NUR "KLEINGRUPPE"*
Teamorientierung	3	
Technisches Verständnis	4	
Ablauf- u. Prozesskenntnisse	3	
Konzeptionelle Arbeitsweise	3	
Kommunikationsfähigkeit	5	*SEHR GUTER SELBSTDARSTELLER + "VERKÄUFER"*
Flexibilität	4	*WEGEN SEINER VERTRIEBSAKTIVITÄTEN*
Belastbarkeit	4	*VERTRIEBSAKTIVITÄTEN*
PC-Kenntnisse	3	*SAP-GRUNDKENNTNISSE, ARBEIT MIT OFFICE-PAKET*
Kenntnisse im Umgang mit ACD	0	
Sonstiges		

35

Ort, Datum)   Unterschrift

FORDERUNG: 55.-60.000 € p.a.
⇒ ZU HOCH

IM ÜBRIGEN: ES BLIEBE ZU
PRÜFEN OB ER
NICHT NUR EIN
GUTER SELBSTDARSTELLER
IST ??

*Punktevergabe von 6 Punkten = sehr gut, bis 0 Punkte = überhaupt nicht vorhanden

Sie befinden sich ja im direkten Wettbewerb mit anderen Bewerbern und am Ende des Tages muss eine Entscheidung fallen. Wie so eine Punktematrix aussieht und was dabei beachtet wird, ist abhängig vom Anforderungsprofil.

4. Das Gespräch wird durch Fragen gelenkt.
Sicherlich kennen Sie den Spruch *Wer fragt führt* – hier wird genau nach diesem Grundsatz gehandelt. Um möglichst viele Informationen von Ihnen zu bekommen, werden Ihnen viele Fragen mit *W* gestellt. Also z.B.:

Wie kam es dazu, dass ...?
Warum haben Sie da ...?
Welche Erfahrungen haben Sie bezogen auf ...?
Wo sehen Sie das Problem in ...?

Es handelt sich hierbei um sogenannte „offene Fragen". Offene Fragen haben das Ziel, Sie munter plaudern zu lassen. Ganz im Gegensatz zu den sogenannten geschlossenen Fragen. Bei geschlossenen Fragen lässt man Ihnen keinen großen Spielraum. Sie lassen nur ein „Ja" oder „Nein" zu. Bei Verhandlungen empfiehlt es sich daher immer, das Gespräch mit offenen Fragen zu beginnen und mit geschlossenen Fragen (Wir sind uns also einig, dass ...?) zu beenden. Genau das wird Ihnen bei diesen Gesprächen widerfahren. Zusammenfassend kommen folgende Fragearten auf Sie zu:

Kontrollfragen: Wenn Angaben fehlen
Erklärungsfragen: Bei unklaren Angaben
Nachfragen: Bei fehlenden Informationen
Kontrollfragen: Prüfung, ob Ihre Angaben stimmen
Informationsfrage: Die Frage mit der Führung

5. Widersprüchen auf den Grund gehen.
Bei ausführlichen Gesprächen kann es zu widersprüchli-

chen Aussagen des Bewerbers kommen. Diesen gilt es auf den Grund zu gehen, um den Wahrheitsgehalt der Aussagen zu ermitteln.

6. Heikle Themen ruhig ansprechen.

Ist die Gesprächssituation gerade vertrauenswürdig, dürfen alle Fragen gestellt werden, die erlaubt sind. Diese Fragen werden Ihnen gewöhnlich in einer emotionslosen Art und mit einer positiven Grundhaltung gestellt werden.

7. Es werden Stressmomente produziert.

Ich wurde bei einem Vorstellungsgespräch mal in folgende Mini-Fallstudie versetzt: Stellen Sie sich vor, Sie haben Ihren ersten Arbeitstag bei uns und ich (der Chef und die einzige Bezugsperson für die Einarbeitung) breche mir ein Bein und falle dadurch für die nächsten acht Wochen aus. Was tun Sie?

8. Lassen Sie sich Zeit für die Antworten.

Das ist gut und hört sich vernünftig an. Allerdings kommt es vor, dass einige Personalentscheider bewusst peinliche Pausen entstehen lassen. Stellen Sie sich vor, Sie beantworten eine Frage und Ihr Gegenüber guckt Sie weiterhin nur an. Es entsteht eine Gesprächspause, die nach einiger Zeit peinlich wird. Sie kümmern sich darum und reden weiter, tja, und das, was Sie jetzt sagen, wollten Sie eigentlich nicht erzählen. So horcht man die Menschen aus und kommt an wirklich interessante Informationen.

9. Keine Kritik oder Zustimmung im Gespräch.

Der Personalentscheider wird auf keinen Fall ein Gespräch durch Kritik zerstören. Er wird Ihnen ruhig zuhören und nicht durch Zustimmung versuchen, Sie in eine bestimmte Bahn zu lenken. Er bleibt neutral. Schließlich will er Ihre Meinung hören und nicht, dass Sie ihm nach dem Mund reden.

10. Das Gespräch immer positiv beenden.
Der Personalentscheider wird sich bei Ihnen für das Gespräch bedanken und überlässt Ihnen das letzte Wort. Somit bekommt er einen Eindruck von Ihrer Meinung zu diesem Gespräch.

Ein Gespräch zu führen heißt, das Gespräch in seiner Tiefe zu beeinflussen. Die Länge des Gespräches im Griff zu haben sowie die bewusste Lenkung auf Themenschwerpunkte. Das heißt auch, die Gesprächsführung dann beizubehalten, wenn es gegen den Willen des Gesprächspartners ist. Dabei sind die Fragearten (siehe Pkt. 4) der Werkzeugkoffer des Personalentscheiders, um zielgerichtet das Gespräch zu führen, damit er von Ihnen alle benötigten Informationen bekommt. Die beherrschenden Fragen werden dabei immer die Informationsfragen sein.

Fragenkatalog:

Innerhalb des Gespräches werden Sie auf verschiedene Eigenschaften hin abgeklopft. Die Fragen sind prinzipiell immer gleich, sie variieren lediglich bei der Formulierung. Der Fragenkatalog:

Frage	Hintergrund	*Kategorie
Welches sind Ihrer Meinung nach die Gründe für Ihren Erfolg?	Was sind die Motivatoren des Bewerbers?	Motivation
Beschreiben Sie mir doch mal einen typischen Arbeitstag?	Wie sieht die Tagesplanung des Bewerbers aus? Wie erreicht er seine Ziele?	Analytisches Denkvermögen
Warum sollten wir ausgerechnet Sie einstellen?	Wie gut ist die Vorbereitung des Bewerbers auf das Vorstellungsgespräch?	Motivation
Haben Sie praktische Erfahrungen, die Sie in Ihre neue Tätigkeit mit einbringen können?	Ist der Bewerber in der Lage, die spezifischen Probleme der Tätigkeit zu lösen?	Erfahrung
Angenommen, wir bräuchten Ihre Arbeitskraft ab morgen für 2 Wochen an einem 200 Km entfernten Standort, würden Sie das tun?	Ist der Bewerber mobil?	Flexibilität
Was hat Ihnen bei Ihrer letzten Tätigkeit besonders gut gefallen, was eher nicht?	Wie ist der Bewerber auf seinen letzten Arbeitgeber zu sprechen? Kritisiert er ihn womöglich?	Loyalität
Haben Sie in der letzten Zeit Fortschritte gemacht? Wenn ja, welche?	Wie ist die Selbstachtung? Ist er eher bescheiden oder prahlt er herum?	Selbstachtung
Haben Sie vor, länger bei uns zu bleiben? Wenn ja wie lange?	Welche Bleibekriterien hat der Bewerber?	Motivation
Haben Sie im Berufsleben immer Ihr Bestes gegeben?	Wie schätzt der Bewerber sein eigene Fähigkeiten ein? Wie stellt er es an diese schwierige Frage geschickt zu beantworten?	Selbstachtung
Wo sehen Sie sich in 5 Jahren?	Wie sieht es mit dem Ehrgeiz des Bewerbers aus? Welche Selbsteinschätzung hat er?	Motivation

Frage	Hintergrund	*Kategorie
Was waren bisher Ihre größten Leistungen?	Was hat der Bewerber bisher geschafft und wie bewertet er diese Leistung?	Selbstachtung
Was sind Ihre Stärken?	Wie groß ist der Stolz des Bewerbers und welches Wertesystem schlummert in ihm?	Selbstachtung
Was an der Aufgabe interessiert Sie am meisten?	Hat sich der Bewerber mit den Aufgaben auseinandergesetzt, wenn ja wie stark? Wo sieht der Bewerber die Herausforderung?	Motivation
Nennen Sie uns einen Grund, warum wir Sie einstellen sollten?	Wie selbstbewusst ist der Bewerber?	Selbstachtung
Was hebt Sie von den anderen Bewerbern ab? Was bieten Sie, was andere nicht haben?	Wie gut kennt sich der Bewerber und wo sieht er seine Stärken?	Selbstachtung
Mit welchem schwierigen Problem mussten Sie sich herumschlagen, beschreiben Sie uns das mal?	Wie ist es mit den analytischen Fähigkeiten bestellt? Geht der Bewerber strukturiert vor?	Analytisches Denkvermögen
Mal ehrlich, wie bewerten Sie Ihren früheren Arbeitgeber?	Wie ist das Selbstwertgefühl des Bewerbers, wie geht er damit um?	Selbstachtung
Gab es Fähigkeiten, bei denen Sie bei ihrer bisherigen Tätigkeit die meiste Zeit verbracht haben? Warum glauben Sie, war das so?	Wie zielorientiert ist der Bewerber? Ist er evtl. umständlich? Ist er prozessorientiert und hat er ein gutes Time-Management?	Analytisches Denkvermögen
In welcher Weise haben Sie bei Ihren alten Aufgaben gelernt mehr Verantwortung zu übernehmen?	Hat sich der Bewerber, weiterentwickelt und qualifiziert? Sowohl im fachlichen als auch im persönlichen Bereich?	Persönliche Weiterentwicklung

Wenn wir davon ausgehen, dass dieser Fragenkatalog einen gewissen repräsentativen Standard abbildet, können wir Folgendes daraus ableiten.

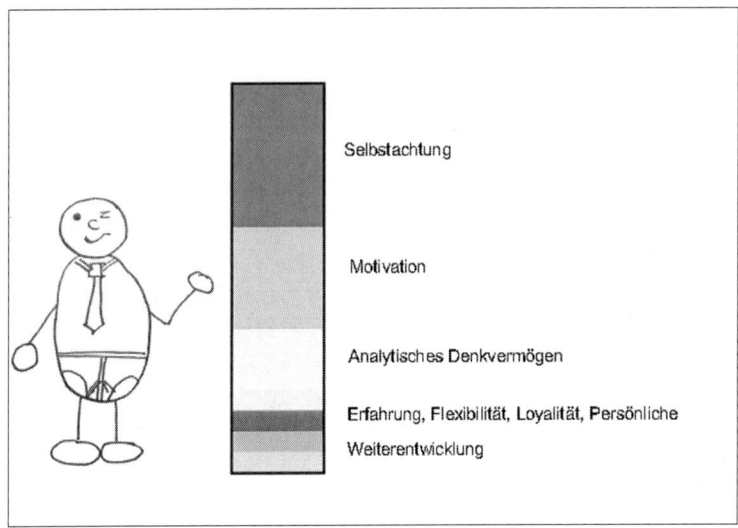

Demnach haben Bewerber mit einem gesunden Selbstwertgefühl, hoher Motivation und einem gewissen Hang, sich gut zu organisieren, die größte Chance, in die engere Auswahl zu kommen.

Die Punkte:
Erfahrung
Flexibilität
Persönliche Weiterentwicklung

wurden bereits im Vorfeld den Bewerbungsunterlagen entnommen. Aus diesem Grund darf hier keine Wertung vorgenommen werden. Die Grafik verdeutlicht hier lediglich, dass im Vorstellungsgespräch auf die Punkte

Selbstachtung
Motivation
Organisationstalent

besonderer Wert gelegt wird. Arbeiten Sie deshalb das Kapitel *Schlüsselqualifikationen* sehr gewissenhaft durch. Hier finden Sie die notwendigen Tools, um diese Gespräche erfolgreich zu bestehen.

Die richtige Stimmung im Vorstellungsgespräch:

Untersuchungen haben ergeben, dass der Erfolg einer Rede mit über einem Drittel davon abhängt, wie gut Ihre stimmliche Ausstrahlung ist.

Können Sie sich noch an Ted Williams erinnern? Sein Schicksal ging im Januar 2011 um die Welt. Als Obdachloser stand er damals auf dem Seitenstreifen einer Straße in Columbus USA mit einem Schild in der Hand, auf dem er um eine zweite Chance als Radiomoderator bat. Ein Reporter der Zeitung *Columbus Dispatch* nahm ein Video von Ted Williams auf, in dem er mit seiner samtig dunklen Stimme um einen Job als Radiomoderator warb, und stellte es bei YouTube ein. Über Nacht wurde Ted Williams zum Medienstar. Heute ist Ted Williams: Synchronsprecher bei MSNBC, Sprecher des Basketballteams Cavaliers, Star in einem Werbespot, die offizielle Stimme von Kraft „Macaroni & Cheese".

Wer das Video gesehen hat, weiß, dass Ted Williams das nur mit der Kraft seiner Stimme geschafft hat. Zum Zeitpunkt, als das Video gedreht wurde, sah er mit seinen verfilzten Haaren und der abgetragenen Kleidung nicht gerade wie jemand aus, den man gerne zum Essen einlädt. Kein Wunder, Terry lebte zu der Zeit seit Jahren in einem Gebüsch, in das er ein Zelt gebaut hatte.

Die Kraft der Stimme ist magisch und darf im Vorstellungsgespräch gezielt eingesetzt werden. Aber wie wirkt nun eine Stimme auf uns und unser Kommunikationsverhalten?

Stellen Sie sich folgende Situation vor: Sie befinden sich in einem schrecklichen Rechtsstreit mit Ihrem Arbeitgeber. Die Lage ist unübersichtlich, droht zu eskalieren und so beschließen Sie, sich von einem Anwalt für Arbeitsrecht beraten zu lassen. Sie bekommen einen Termin genannt und finden sich zum vereinbarten Zeitpunkt in der Kanzlei ein. Dort werden Sie in das Büro des Anwalts gerufen. Da es noch leer ist, setzen Sie sich und blicken sich um. Der erste Eindruck ist sehr gut. Sie fühlen sich bestens aufgehoben und man spürt, dass bei der Einrichtung nicht am Geld gespart wurde.

In den Regalen befinden sich sehr viele Bücher über Arbeitsrecht. Sie sehen sich gerade die geschmackvollen Bilder eines lokalen Malers an, die an der Wand hängen, als der Anwalt das Büro betritt. Sie sehen einen großen Mann mit grau melierten Haaren, der eine sehr männliche Statur hat. Seine breiten Schultern sind in einem dunklen, sehr modischen Armanianzug gehüllt und mit einem sympathischen Lächeln gibt er Ihnen die Hand. Über eine modisch abgerundete Brille mit schwarzem Rand blicken Ihnen stahlblauen Augen wachsam entgegen. Als Sie der Anwalt begrüßt, fällt Ihnen sofort die helle piepsige Stimme auf. Erst denken Sie an einen Scherz, doch im weiteren Gesprächsverlauf bemerken Sie, dass er die Stimme von Ahörnchen und Bhörnchen nicht aus Spaß imitiert, sondern sie von den beiden wohl geerbt hat.

Lassen Sie die Szene bitte kurz vor Ihrem geistigen Auge vorbeiziehen. Wirkt der Anwalt noch immer so kompetent wie vor einigen Sekunden? Was ist in der Zeit, als die imposante Erscheinung ins Büro trat, bis zu dem Moment, als er Sie begrüßt hat, passiert?

Nun, wenn unser Staranwalt nicht gerade ein Pfund Kreide zu Mittag verspeist hat oder anatomische Belange hier eine Rolle spielen, spricht er nicht mit der für ihn angemessenen Stimme.

Als Mensch verfügen wir mit unserer Stimme über einen sogenannten *Grundton*. Dieser Grundton ist von Person zu Person unterschiedlich und bis auf einige Melodieausflüge unser Basiston. Man spricht auch vom Eigenton der Stimme. Mit dem Eigenton sprechen wir immer dann, wenn unsere Stimmapparatur auf natürliche und gesunde Weise genutzt wird.

Die menschliche Stimme ist über den Mund, Rachen- und Nasenhöhlen erzeugter Schall, welcher über die Stimmlippen produziert wird. Spezielle Muskel- und Gewebeschichten, deren Stellung über Muskeln und Knorpel verändert werden können, spannen und entspannen die Stimmlippen.

Töne werden nun dadurch erzeugt, dass Luft über die Lunge die Stimmlippen in Schwingungen versetzt. Durch eine veränderliche Spannung der Stimmlippen kann nun eine unterschiedliche Tonlage erzeugt werden. Bei entspannten Stimmlippen schwingen diese entsprechend langsam und es entsteht ein tiefer Ton. Bei angespannten Stimmlippen schwingen die Stimmbänder schneller ein hoher Ton entsteht. Dies kann mit dem Stimmen einer Gitarre verglichen werden. Dreht man bei gespielter (schwingender) Saite am Gitarrenkopf, am sogenannten Wirbel (Rädchen, welches die Gitarrensaite an – bzw. entspannt), klingt der Ton entsprechend höher oder tiefer. Wenn man nervös ist, kommt es zum Zusammenziehen dieser Muskeln und somit zu einer Stimme, die fremd und somit nicht authentisch klingt. Dies überträgt sich auf den Gesprächspartner, welcher nun kontinuierlich das Gehörte einem Check unterzieht und somit auch einer Anspannung unterliegt. Je nachdem, mit welchen Stimmlagen gesprochen wird, wirkt sich das auf das Umfeld aus.

Ich habe eine Bekannte, die ausschließlich über Eigenton – also hoch – spricht. Sie kommt dadurch total gehetzt und überdreht bei ihren Mitmenschen an. Viele haben das Gefühl, sie sei völlig mit ihren Aufgaben überfordert und kurz davor durchzudrehen. In Wirklichkeit möchte sie ihrem Umfeld nur mitteilen, wie groß das Arbeitspensum ist, das sie bewältigen kann. Hier wird ein völlig falsches Signal gesendet.

Ein weiterer Bekannter von mir spricht sehr stark unter seinem Eigenton. Verstärkt wird das noch durch seine andächtige Art und den extrem langen Pausen zwischen den Sätzen, in denen er weitere Aufmerksamkeit einfordert. Im weitläufigen Bekanntenkreis sind wir uns sicher, er könnte ohne große Vorbereitung eine CD zur progressiven Muskelentspannung besprechen – was er dabei sagt? Völlig egal!

Je nachdem, wie wir also mit unserer Stimmlage sprechen, wirken wir auf unsere Umwelt. Eine zu hohe Stimme wirkt unsicher, überfordert, wie mangelnde Kompetenz usw.. Eine zu tiefe Stimme wirkt statisch, gelangweilt, überheblich ...

Im Vorstellungsgespräch ist es eben aus oben genanten Gründen enorm wichtig, auf Ihrem Eigenton zu sprechen. Nur dann wirken Sie authentisch und punkten, wenn es darum geht, persönlich zu überzeugen.

Finden Sie Ihren Eigenton:

Katja Dyckhoff und Thomas Westerhausen beschreiben in ihrem Buch „Stimme: Das Geheimnis von Charisma" mit zwei Übungen, wie Sie Ihren Eigenton finden und trainieren können. Im Lieferumfang des Buches befindet sich auch eine CD, mit der Sie gezielt trainieren können. Zuerst gilt es, Ihren Eigenton zu finden, danach kann dieser mit der Eigenton Übung trainiert werden.
Um den Eigenton zu finden, verwenden Sie die „Mmmmh"-Methode

Das „Mmmmh" verwenden wir in verschiedenen Situationen, ob nun etwas gut duftet oder wir einfach nur etwas bekunden möchten und keine Lust haben, etwas dazu zu sagen. Immer wieder kommt ein „Mmmmh" dabei heraus. Interessant dabei ist, dass je nachdem, wie lang es gezogen ist und mit welchem Ton wir es hervorbringen, es eine andere Bedeutung hat. Sicher kennen Sie auch das „Mmmmh", das für ein überzeugtes „Ja" steht. Genau um dieses „Mmmmh" solle es nun gehen.

Wenn Sie dieses „Mmmmh" produzieren, werden Sie bemerken, dass es aus zwei verschiedenen Tönen besteht, einem ersten tieferen und einem zweiten höheren. Den ersten tieferen Ton verstärken Sie nun und ziehen ihn in die Länge. Tun Sie dies, ohne dabei die Tonhöhe zu verändern. Diesen Ton machen Sie nun kräftiger und lassen ihn in einer Lautstärke erklingen, sodass mindestens fünf Zuhörer dies deutlich wahrnehmen können. Summen Sie diesen Ton nun auf gleichbleibender Tonhöhe und zählen dabei bis zehn. Wenn alles geklappt hat, haben Sie ihren Eigenton gefunden.

Die Eigenton-Übung

Zuerst holen Sie sich mit der oben beschriebenen Mmmh-Methode Ihren Eigenton wieder ins Gedächtnis zurück. Nehmen Sie nun einen geschriebenen Text und lesen diesen mehrmals eine Minute monoton (auf Eigenton) vor sich her. Danach gönnen Sie sich eine halbe Minute, um mit Ihrer Stimme etwas völlig anderes zu tun. Lachen, piepsen, jauchzen und glucksen Sie – stellen Sie genau das an, wonach Ihnen ist. Sprechen Sie dann sofort wieder auf Eigenton eine Minute lang Ihren Text, danach nehmen Sie sich wieder eine halbe Minute für Freestyle, um danach nochmals eine Minute Eigenton zu produzieren. Die Übung ist damit abgeschlossen.

Beim Freisprechen haben Sie den Vorteil, die Übung in Ihren täglichen Aktivitäten einzubauen. Sie können nebenher in der Dusche oder bei einer Autofahrt üben. Beim Duschen sollten Sie aber im Freestyle-Part auf das Glucksen und Jauchzen verzichten, Sie könnten damit Ihre Mitbewohner leicht irritieren.

Bleiben Sie bei der Übung bitte monoton, sprechen Sie ohne Betonung, damit sich der resonative, volle Eigentonklang schneller im Körpergedächtnis ablegen kann. Außerhalb der Übung sprechen Sie selbstverständlich mit Betonung, aber immer um Ihren Eigenton herum. Er ist ab jetzt die Basis, zu der Sie immer wieder zurückkehren werden.

Shorties kurz und knapp:

Seien Sie auf die Aufforderung: „Erzählen Sie mal was über sich?" vorbereitet, indem Sie sich Ihren ganz persönlichen Elevator Pitch bauen.

Die Fragen des Fragenkataloges werden Ihnen in verschiedenen Variationen immer wieder in Vorstellungsgesprächen begegnen. Finden Sie eigene Antworten, die klarstellen, dass es dabei um *Sie* geht.

Das Auswendiglernen von vorgegebenen Antworten lässt Sie unprofessionell dastehen.

In erster Linie wird man auf Ihr Selbstwertgefühl achten, dann Ihre Motivation hinterfragen, um dann zu sehen, wie strukturiert Sie bestimmte Themen angehen. Genau darauf sollten Sie vorbereitet sein.

Bereiten Sie sich auf Mini-Fallstudien vor. Überlegen Sie sich selbst einige und denken Sie diese für sich vollständig durch.

Achten Sie darauf, dass Ihre Stimme im Eigenton ist.

6

Umfrage

Was liegt näher, als die Leute zu interviewen, die täglich mit Bewerbungen konfrontiert werden. Ich habe bundesweit und über alle Branchen hinweg knapp 300 Unternehmen kontaktiert und rund um das Thema Bewerbungen befragt. Insgesamt handelt es sich hierbei um vier konkrete Fragen:

Welche Art von Bewerbung bevorzugen Sie?
Welchen Stellenwert haben Initiativbewerbungen für Sie?
Führen Sie bei Bewerbern eine Onlinerecherche durch?
Haben Sie das Gefühl, dass die Bewerber sich über Ihre Stärken und Ziele bewusst sind?

Diese Fragen wurden mit vordefinierten Antwortmöglichkeiten (multiple choice) gestellt. Ich habe aber auch die Frage *Was könnten Bewerber grundsätzlich besser machen?* gestellt und dabei dem Antwortfluss freien Lauf gelassen. Das Ergebnis sind knapp 300 Personalentscheider, die Ihnen ihren ganz persönlichen Tipp ins Ohr flüstern.

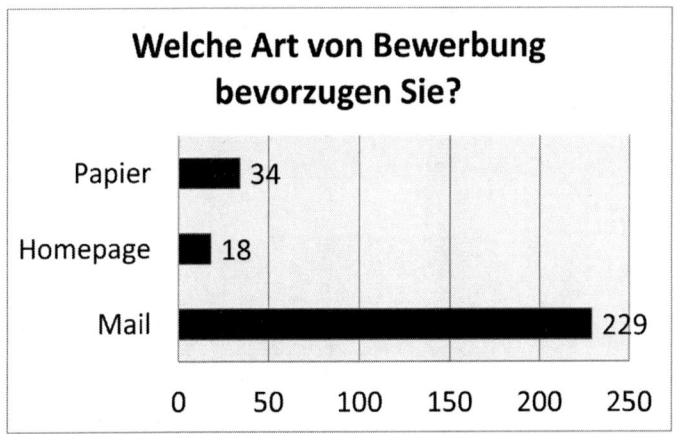

Das Ergebnis sollte uns nicht überraschen. Der Trend geht ganz klar zur Onlinebewerbung. Dies ist auch der Grund, warum das Thema im Buch so ausführlich behandelt wird. Bei einer Onlinebewerbung kann sehr viel mehr schiefgehen, als bei einem normalen Anschreiben. Gerade wenn es um die Form geht und um die Größe der Anlagen, können Sie hier punkten.

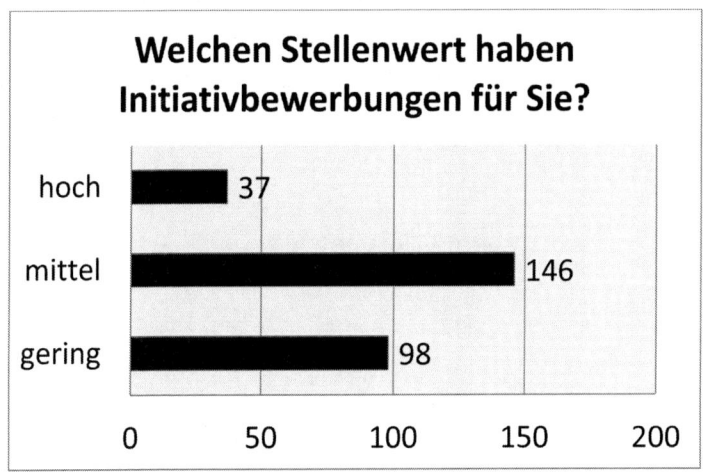

Hier ist schön zu sehen, dass 2/3 der Personalentscheider einer Initiativbewerbung freudig gegenüberstehen. Es lohnt sich also immer, mit einer Initiativbewerbung ins Rennen zu gehen. Voraussetzung ist allerdings, dass Sie sich entsprechend vorbereiten. Wenn Sie hier als Problemlöser authentisch auftreten, haben Sie die halbe Miete.

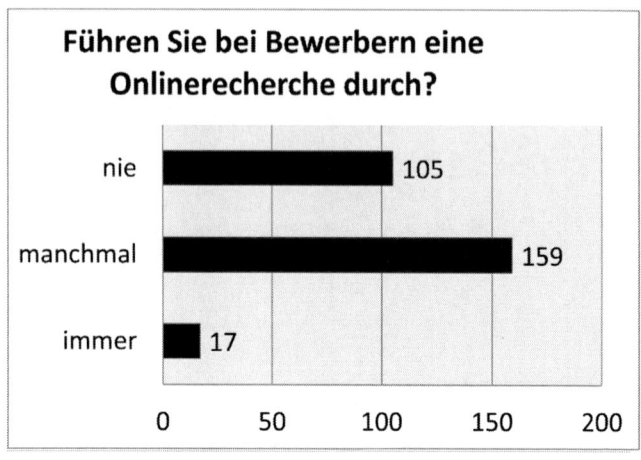

Ein Thema, das immer wichtiger wird: Ihre Online-Reputation ist künftig das A und O Ihrer Bewerbung. Dies gilt umso mehr, je höher die zu besetzende Position ist. Das Thema wird erst dann richtig brisant, wenn Sie Kinder in einem Alter haben, bei dem Social Network eine große Rolle spielt. Hier gilt es darauf zu achten, dass man die lieben Kleinen frühzeitig für das Thema sensibilisiert. Nicht, dass Ihre Reputation so völlig verhagelt wird.

Ich kannte mal eine Personalerin, die jedes ihrer Mitarbeiter-gespräche mit folgender Frage begann: „Kennen Sie Ihre kurz-, mit-tel- und langfristigen Ziele im Leben?"

Jetzt mal Hand aufs Herz, wer kennt die schon? Nur etwa zwölf Prozent der Menschen haben sich ihre Lebensziele aufgeschrieben und handeln zielorientiert, um ihre Ziele zu verwirklichen. Das wusste diese Person und hat im weiteren Verlauf darauf aufgesetzt.

„Sie wollen mir also damit sagen, dass Sie ohne Ziel durchs Le-ben gehen?", waren dann die Aussagen, die sich die armen Bewer-ber oder Mitarbeiter anhören mussten. Werden Sie sich Ihrer Ziele bewusst und arbeiten Sie daran. Personaler sind von Menschen, die ihre Ziele kennen, immer schwer beeindruckt.

7

Im Interview

Christine Fink

Personalberatung, Vermittlung, Executive Search, Recruitment, Coaching.
Mein Motto: Miteinander erfolgreich

„Ich selbst sehe meinen Beruf als Berufung und es ist mein Ziel, auch den passenden Job für unsere Kandidaten zu finden. Leidenschaft und Begeisterungsfähigkeit sind für mich der Schlüssel zu beruflichem Erfolg."

Nach jahrelanger Erfahrung und Tätigkeit in der Personaldienstleistung hat **Christine Fink** eine Vision, einen ganz persönlichen Traum. Am 20.09.2009 gründet sie ihr eigenes Unternehmen. Mehr Infos unter: www.christinefink.de

Welches Dokument sehen Sie sich bei der Bewerberauswahl zuerst an?

Das erste. Klingt banal, aber es ist und bleibt der erste Eindruck. Oft ist das schon das Mail, mit dem die eigentliche Bewerbung im Anhang kommt – darauf legen die Bewerber im Übrigen viel zu wenig Wert. Dann natürlich das Anschreiben, in jedem Fall das Foto. Danach ist in vielen Fällen entschieden, ob ich weitere Seiten überhaupt noch lese.

Was sind für Sie Killerkriterien in Bewerbungsunterlagen?

Vor allem sind das Bewerbungen, in denen gar nicht darauf eingegangen wird, was ich eigentlich suche. Oft hat man leider immer noch das Gefühl, der Bewerber hat standardmäßig eine von vielen Bewerbungen geschickt, ohne sich mit Position, dem Unternehmen auseinanderzusetzen, hat sich nicht auf der Homepage informiert, keinen aktuellen Bezug hergestellt etc.. Bewerbungen per Mail erhöhen natürlich die Beliebigkeit, gehen schneller und sind viel weniger aufwendig als das Erstellen von Mappen. Das muss durch persönliche Inhalte ausgeglichen werden. Dann natürlich zu lange Bewerbungen und solche, die standardisiert sind – ohne Leben, Lebendigkeit, Individualität und Authentizität. Es heißt, für den ersten Eindruck gibt es keine zweite Chance.

Worauf achten Sie zuerst, wenn ein Bewerber Ihr Büro betritt?

Jeder Mensch hat seine eigene Persönlichkeit, da Bewerber ja auch Menschen sind – kein Scherz!! Manche scheinen das wirklich zu vergessen und spielen nur eine Rolle. Es ist wie bei jedem persönlichen Kennenlernen. Es wirkt sofort die Ausstrahlung, Energie, das berühmte Lächeln, Augenkontakt, Höflichkeit und Umgangsformen sind nicht altmodisch, sondern wichtiger denn je. Wie bei einem privaten Date gilt auch für Mitarbeiter in Unternehmen: Es muss einfach zusammenpassen ... und kein Mensch passt überall hin und zu jedem. Ich vergleiche es gerne mit privatem Kennenlernen – nur weil man die gleichen Hobbys hat, hat sich noch niemand verliebt, da muss schon viel mehr zusammenpassen. Übersetzt ins Berufsleben – die Hard Skills, Fachkenntnisse sind selbstverständlich, Basic. Aber die abzugleichen, kann jeder Computer, jedes Stellenportal. Worum es uns geht, ist Menschen zusammenzubringen, die die gleichen Werte und Ziele haben.

Eine zweite Chance gibt es manchmal trotzdem, aber dann heißt es bereits einen Minuspunkt auszugleichen – schade oder???

Was könnten Bewerber besser machen?

Authentizität! Es ist erstaunlich, bei wie vielen Menschen die schriftliche Bewerbung und der Mensch, der durch die Tür kommt, gar nicht zusammenpassen. Und dann kommt noch die Internetpräsenz dazu. Das alles ergibt ein Gesamtbild. Manchmal hab ich das Gefühl, die Bewerber vergessen immer noch, dass Personaler auch Zugang zu XING, Facebook und Twitter haben. Das Thema Selbstmarketing hat durch das Internet eine ganz neue Bedeutung gewonnen. DIE Chance für jeden Einzelnen, sich darzustellen und zu präsentieren. Wird viel zu wenig genutzt ... und viel zu wenig durchdacht ...

Wie stellen Sie fest, ob sich ein Bewerber mit dem Unternehmen auseinandergesetzt bzw. sich vorbereitet hat?

Wenn die einfache Frage nach einem aktuellen Thema auf meiner Homepage nicht beantwortet werden kann. Ich nehme mir Zeit, mich auf ein Gespräch vorzubereiten und erwarte das auch vom Kandidaten.

Wie gehen Sie mit Lücken im Lebenslauf um?

Ist für mich gar kein Problem, wenn das Gesamtbild, der Gesamteindruck stimmt und die Darstellung und Gründe glaubhaft sind. Unternehmen wollen Mitarbeiter aus Fleisch und Blut, mit Ecken und Kanten. Es gibt kein Leben, das immer nur geradeaus geht. Und keinen Menschen, der rundum perfekt ist. Gott sei Dank.

Während des Vorstellungsgespräches bemerken Sie Widersprüche bei den Antworten des Bewerbers, wie gehen Sie weiter vor?

Hinterfragen, hinterfragen und Vertrauen ausstrahlen. Ich denke, da bringt die Erfahrung viel mit sich. Menschen wollen grundsätzlich nicht lügen, sie fühlen sich nur manchmal durch die

Umstände dazu gezwungen. Den Druck wegnehmen, hilft in jedem Fall. Klar zu machen, dass ein Job, den man aufgrund falscher Eigendarstellung bekommt, wenn es denn überhaupt klappt, in jedem Fall niemals glücklich und zufrieden macht. Und dann auch ehrliches Feedback, damit können Menschen immer sehr gut umgehen, besser als standardmäßige Absagen, aus denen nicht hervorgeht, an was es eigentlich lag. Ein Gespräch bei einem Personalberater ist sicher für jeden Kandidaten deshalb auch eine Bereicherung, weil er sonst selten so ehrlich erfährt, wie er wirkt.

Beim Gespräch bemerken Sie, dass der Bewerber alle Antworten perfekt einstudiert hat. Wie blicken Sie trotzdem hinter die Maske des Bewerbers?

Nur wenn der Kandidat bereit ist, die Maske abzulegen. Bei manchen ist es nur Unsicherheit, Angst. Das ist übrigens für mich eine der schönsten Herausforderungen. Die Menschen, die als Bewerber vor mir sitzen, WIRKLICH kennenzulernen. Manche aber leben das ganze Leben hinter Masken, die sie oft selbst nicht kennen. Dann ist eher ein Therapeut gefordert.

Angenommen es stellt sich heraus, dass der Bewerber doch nicht ausreichend qualifiziert ist. Ihr Eindruck ist aber sehr gut, stellen Sie die Person trotzdem ein?

Für die ausgeschriebene Position sicher nicht, es sei denn, die lässt sich verändern. Mit Überforderung – übrigens auch mit Unterforderung – hilft man niemandem weiter. Ganz im Gegenteil, das ist der Hauptgrund für Burn-out, wenn Kandidat und Position / Unternehmen nicht zusammenpassen. Ich werde den Kandidaten aber sicher beraten, was er tun kann, ganz individuell, und was besser zu ihm passt. Und oft haben wir auch mehrere Stellen und vielleicht gleich eine passende Alternative. Übrigens – wenn es umgekehrt ist, hat der Bewerber gar kein Chance. Also ist es einfach am wichtigsten, dass der Eindruck gut ist. Sonst nützt alles nichts, nicht die beste Qualifikation.
Vielen Dank für das Interview.

Herbert Ohlott

geboren am 12.06.1956, ist seit über 20 Jahren in unterschiedlichen Führungspositionen im Vertrieb, Marketing und im Service tätig. Die letzten zehn Jahre als Geschäftsführer beim Profectis Technischen Kundendienst (ehemals Quelle Kundendienst).

Welches Dokument sehen Sie sich bei der Bewerberauswahl zuerst an?

Grundsätzlich lese ich mir das Anschreiben, welches den Unterlagen obenauf und lose beiliegt, durch. Danach prüfe ich den Lebenslauf und sehe mir das Bewerberbild an. Zeugnisse lese ich erst dann, wenn der Bewerber für mich infrage und somit in die engere Wahl kommt. Anhand des Lebenslaufes sehe ich, ob der Bewerber bzw. die Bewerberin bereits in einem Konzern oder einem kleinen Unternehmen gearbeitet hat. Ich prüfe, wie hoch der Deckungsgrad zwischen den aufgeführten Tätigkeiten im Lebenslauf und unseren Anforderungen ist.

Was sind für Sie Killerkriterien in Bewerbungsunterlagen?

Häufiger Jobwechsel, Lücken im Lebenslauf, die nicht erklärt oder sogar vertuscht werden.

Es heißt, für den ersten Eindruck gibt es keine zweite Chance. Worauf achten Sie zuerst, wenn ein Bewerber Ihr Büro betritt?

Das äußere Erscheinungsbild muss stimmig sein. Lächelt die Person? Wenn ja, was für ein Lächeln ist es? Ist es ein freundliches

Lächeln, oder eher unsicher und aufgesetzt? Wie selbstsicher ist die Person? Kommt der Bewerber offen und freundlich auf mich zu? Selbstsicherheit beim Bewerber ist mir dabei ganz wichtig, wobei ganz smarte und überhebliche Zeitgenossen sofort verlieren. Ich möchte hier aber betonen, dass ich mich während des Vorstellungsgespräches auch gerne vom Gegenteil überzeugen lasse. Es wäre falsch, jemanden sofort in eine bestimmte Schublade zu schieben. Während eines Vorstellungsgespräches befindet sich der Bewerber in einer gewissen Stresssituation, wir wissen das und berücksichtigen dies in unserem Urteil.

Was könnten Bewerber grundsätzlich besser machen?

Das sollten Sie meinen Personaler fragen. Alle Unterlagen, die ich zu Gesicht bekomme, sind top, die Bewerber haben die erste Bewerberrunde bereits gedreht und sind entsprechend vorsortiert.

Wie stellen Sie fest, ob sich ein Bewerber mit dem Unternehmen auseinandergesetzt bzw. sich vorbereitet hat?

Ich lasse die Bewerber reden und höre genau zu. Dabei ist es interessant zu hören, welche Erfahrungen gemacht wurden und wie die Brücke zu unserem Unternehmen und den anstehenden Anforderungen geschlagen wird. Geschieht dies nicht, frage ich detailliert nach. Schließlich stehen alle notwendigen Informationen über unser Unternehmen im Internet, ist der Bewerber dahin gehend nicht vorbereitet, wird er es sehr schwer haben.

Wie gehen Sie mit Lücken im Lebenslauf um?

Wenn der Lebenslauf mit den Zeugnissen übereinstimmt und eine Lücke von einem Monat vorhanden ist, kläre ich das im Gespräch. Ab drei Monaten wird es aber schon schwierig. Wenn ich hier keine plausible Erklärung bekomme, wie eine Auszeit in Amerika etc., lasse ich die Finger vom Bewerber.

Während des Vorstellungsgespräches bemerken Sie Widersprüche bei den Antworten des Bewerbers, wie gehen Sie weiter vor?

Durch geschicktes Nachfragen finde ich meist schnell heraus, welche Ursache diese Widersprüche haben. Oft aber passiert dies, weil Bewerber einfach nur nervös sind. Grundsätzlich bin ich aber bei Widersprüchen vorsichtig. Je nachdem, wie schwerwiegend diese sind, lasse ich meinen Bauch entscheiden. Sagt mir mein Bauchgefühl, dass ich lieber die Finger davonlassen soll, hat der Bewerber verloren.

Beim Gespräch bemerken Sie, dass der Bewerber alle Antworten perfekt einstudiert hat. Wie blicken Sie trotzdem hinter die Maske des Bewerbers?

Auch hier lasse ich mich von meinem Bauchgefühl beraten. Ist mir der Bewerber zu smart und zu sehr aufgesetzt, war es das. Fallstudien bei Bewerbungsgesprächen sind meiner Meinung nicht fair, denn je nachdem, welche Tagesform der Bewerber hat, wird er abschneiden, und das zeigt mir auch nicht, was wirklich in ihm steckt.

Angenommen es stellt sich heraus, dass der Bewerber doch nicht ausreichend qualifiziert ist. Ihr Eindruck ist aber sehr gut, stellen Sie die Person trotzdem ein?

Wissen Sie, es gibt Menschen mit einer super Ausbildung, von der sie nicht mal 50 Prozent umgesetzt bekommen. Der Bewerber muss sich gut verkaufen können und damit meine ich, dass er mir erklären kann, wer er ist, was er kann und wie er mit seiner Arbeitskraft unser Unternehmen nach vorne bringen kann. Das sehe ich übrigens unabhängig von der Position.

Vielen Dank für das Interview.

Uwe Regitz

Dipl.-Ing. Elektrotechnik, Siemens AG, Leiter der Berufsbildung in der Region Südbayern, rund 1200 Auszubildende und Studierende an sechs verschiedenen Ausbildungsstandorten. Die Siemens Professional Education hat die Homepage www.siemens.de/ausbildung.

Was hat Sie bisher an einer Bewerbung eines Azubis am meisten beeindruckt?

Wir haben seit rund acht Jahren auf Online-Bewerbung umgestellt. Seitdem senden wir jede per Post eingehende schriftliche Bewerbung zurück, ohne hineinzuschauen. Seit September haben wir zusätzlich noch einen Online-Test, unser Online Assessment, freigeschaltet. Jede/r Bewerber/in muss diesen verpflichtend durchführen, ehe die Bewerbung abgeschlossen ist und in unserem zentralen Recruiting Center sichtbar wird. Dort unterscheiden sich dann die Bewerber/innen lediglich durch das Ergebnis des Online-Tests und durch ihre Noten oder weitere Angaben in den wenigen Feldern, in denen Freitexte möglich sind. Beeindrucken kann man daher lediglich durch Testergebnis und Noten.

Inwieweit beziehen Sie Portale wie Facebook und Xing beim Recruiting für Azubis mit ein? Auf welche Merkmale achten Sie dabei besonders?

Wir *kontrollieren* nicht über Facebook etc.. Da brauchen sich unsere Interessenten keine Sorgen zu machen. Von über 40.000 Bewerbern pro Jahr laden wir etwa 7.000 zu einem Bewerbungsgespräch oder zu einem viel ausführlicheren Gruppeneinstellgespräch ein. Dort schauen wir uns unsere potenziellen zukünftigen Nachwuchskräfte vorbehaltlos an und bilden uns unsere Meinung. Damit sind wir bisher sehr gut gefahren.

Junge Menschen können im Anschreiben nicht auf besondere Talente oder Begabungen im Arbeitsleben zurückgreifen. Wo sehen Sie hier Chancen, sich trotzdem aus der Masse der Bewerber abzuheben?

Viele Informationen für eine reibungslose und gute Bewerbung findet man auf unserer Homepage unter *www.siemens.de/ausbildung ---> Bewerbungstipps*. Diese sollte man sich alle anschauen. Dort besteht auch die Möglichkeit, die verschiedenen Arten von Tests unseres Online Assessments durchzuspielen. Und es gibt einen *Jobnavigator*, mit dem man den vielleicht idealen Beruf finden kann. Abheben aus der Masse kann der/die Bewerber/in sich aber auch in der Online-Bewerbung, indem er/sie Interesse an einer Ausbildung oder einem dualen Studium erkennen lässt. Wenn viele (freiwillige) Praktika in unterschiedlichen Berufsbildern gemacht wurden, wenn soziales Engagement zu erkennen ist und wenn die Bewerbung sorgfältig, vollständig und vor allem in den Freitextfeldern in korrektem Deutsch geschrieben wurde, kann man uns positiv beeindrucken.

Auf welche Themen konzentrieren Sie sich bei Vorstellungsgesprächen?

Uns geht es darum, die Persönlichkeit jedes/r einzelnen Bewerbers/in kennenzulernen. Deshalb sollte er/sie so authentisch wie möglich auftreten, ehrlich sein und keine Rolle spielen. Natürlich sollte der/die Bewerber/in sich über das Unternehmen und den gewählten Ausbildungsberuf oder dualen Studiengang ausreichend informiert haben. Eine gute Allgemeinbildung, angemessenes Auftreten und soziale Kompetenz – vor allem in den Gruppengesprächen – ist selbstverständlich und wird sehr positiv aufgenommen.

Haben Sie eine spezielle Methode, um genau „den richtigen" Bewerber zu identifizieren?

Durch unser Online Assessment erreichen wir, dass wir bei allen Bewerber/innen wissen, ob sie für den angestrebten Beruf oder Studienabschluss geeignet sind. Das ist die wichtigste Information für uns, denn dann wissen wir, ob die, in die wir investieren und die unsere Ausbildung oder Studium durchlaufen, in der Lage sind, auch den Abschluss zu schaffen. Mit den zu einem Gruppeneinstellgespräch Eingeladenen macht die Siemens Professional Education ein etwa sechsstündiges Assessment Center, in dem verschiedene Methoden wie Gruppendiskussion, Einzelpräsentation oder strukturiertes Interview angewendet werden, um die Teilnehmer kennenzulernen. Eine Alternative zum Gruppeneinstellgespräch ist das strukturierte Bewerbergespräch, in dem wir mit den Eingeladenen einzeln sprechen und sie dann bewerten können. Unser Auswahlverfahren läuft überall gleich ab. Dadurch ist gewährleistet, dass jede/r Bewerber/in deutschlandweit die gleichen Voraussetzungen hat.

Was möchten Sie gerne jungen Leuten bezüglich des Bewerbungsprozesses mit auf dem Weg geben?

Ein/e Schüler/in sollte sich so früh wie möglich mit seinen/ihren Interessen und Begabungen auseinandersetzen, damit er/sie spätestens ein Jahr vor Schulabschluss weiß, was er/sie lernen bzw. studieren möchte. Und nicht nur das: Man sollte auch wissen, welche Tätigkeiten man damit dann ausüben kann. Das zu beurteilen, ist dann sehr gut möglich, wenn man mehrere Praktika absolviert, Ausbildungsmessen gut vorbereitet besucht und Freunde, Eltern, Verwandte und Auszubildende bzw. Studierende über deren Berufe ausfragt, deren Erfahrungen kennt und sich zunutze macht. Und wenn man eingeladen wird zu einem Vorstellungsgespräch, sollte man sich extrem gut vorbereiten. Dann hat man auch gute Chancen, genommen zu werden. Jeder hat eine Chance auch mit einem so großen Unternehmen wie Siemens seine berufliche Karriere durch ein duales Studium oder eine Ausbildung zu starten. Bei uns gibt es neben den Mode-Berufen auch Ausbildungs- und Studiengänge, in denen es gar nicht so viele Mitbewerber sind, wie man vielleicht denkt. Und es gibt Städte, in denen die Bewerbersituation durch die demografische Entwicklung teilweise schon heute als kritisch bezeichnet werden kann. Natürlich muss man dann als Bewerber auch mal flexibel sein im Hinblick auf den angestrebten Beruf oder den Ausbildungsort.

Vielen Dank für das Interview.

8

Flüstertipps

Jetzt flüstern Ihnen Personaler Tipps aus der Praxis ins Ohr. Es sind Praxistipps von Menschen, die täglich mit Bewerbungen zu tun haben. Ich wünsche Ihnen viel Spaß beim Lesen der Antworten auf die Frage:

Was könnten Bewerber grundsätzlich besser machen?

Sich intensiver mit dem Unternehmen und der ausgeschriebenen Stelle auseinandersetzen und sich vorab in die Lage der Gegenseite versetzen.

Genauer prüfen, ob sie auf die ausgeschriebene Stelle passen (keine Massenbewerbungen abschicken, diese sind sofort als solche erkennbar).

Anschreiben und Lebenslauf auf die Stelle ausrichten, relevante Schwerpunkte deutlicher hervorheben.

Sich mehr mit der Stelle identifizieren.

Sich besser informieren, wirklich vollständige und informative Bewerbungen schreiben auf die Anforderungen des AG eingehen – auf keinen Fall einen Formbrief für alle Bewerbungen verfassen, im Vorstellungsgespräch Fragen stellen – sich interessiert und fachkundig äußern.

Bewerber sollten grundsätzlich sich selbst treu bleiben, bei sich sein.

Ordentliche Bewerbungsunterlagen, keine Word-Dokumente, saubere Formatierung, nicht zu viele Zeugnisse.

Sich besser vorbereiten, auf ihr äußeres Erscheinungsbild achten.

Sich vollständig und ordentlich bewerben.

Sich besser vorbereiten, statt sich „allgemein" zu präsentieren.

Die ausgeschriebene Stellenanzeige richtig lesen, insbesondere die Anforderungen – und mit den eigenen fachlichen Qualifikationen vergleichen. Viele Bewerber sind entweder unter- oder aber auch überqualifiziert.

Sich nicht auf *alles* bewerben nach dem Bauchladenprinzip *Ich kann alles, ich mach alles*, sondern gezielt und auf die Position konkret eingehend.

Etwas mehr auf Form, Aufbau und Vollständigkeit der Bewerbung achten. Grundsätzlich einen potenziellen Arbeitgeber spüren lassen, dass man Lust hat zu arbeiten.

Auf die Vollständigkeit der Bewerbungsmappen achten und sich umfassender über das Unternehmen informieren.

Rechtschreibung, Ausdruck, Abgleich der Anforderungen mit den Fähigkeiten der Bewerber.

Persönliches Empfinden, ob der Bewerber für die Tätigkeit und in das vorhandene Team passt.

Auch eine Bewerbung per Mail oder Onlineformular muss sauber und ordentlich sein. Es muss erkennbar sein, dass der Bewerber sich über die ausschreibende Firma erkundigt hat. Offensichtliche 08/15 Bewerbungen gehen gar nicht. Angabe von Führerschein im Lebenslauf und Telefonnummer.

Passende Qualifikationen im Vorfeld bestimmen, Freundlichkeit und Offenheit.

Die Termine sind Kennenlerntermine und keine Stressinterviews. Menschen sind viel offener, wenn sie sich wohlfühlen und daher versuchen wir, eine ruhige Atmosphäre zu schaffen.

Zeigen, dass sie wirkliches Interesse an einer Stelle haben.

Das *Feuer* zeigen. Offenes Gespräch, keine *Heißluftballons* oder Überheblichkeiten, wenn jemand wirklich gut ist, hat er keine Arroganz nötig. Besser über das Unternehmen informieren.

Grundsätzlich auf die Fragen eingehen, kurz und prägnant antworten, sich der Aufgaben bewusst werden.

Weniger Anhänge bei Bewerbungen per E-Mail. Übersichtlichere.

Mehr Geschick, wenn sie angerufen werden. Bessere Vorbereitung, alle offenen Bewerbungen und zugehörige Firmen auf dem Schirm haben.

Zum Teil besser aufbereitete Unterlagen einsenden. Einheitliches Design, wenige Einzeldateien, einheitliche Formate der Schriftstücke (PDF), etc..

Das Versetzen in die zukünftigen Aufgabenstellungen und damit verbundenen Anforderungen hilft beim Abgleich.

Sich nicht nur ausfragen lassen, sondern authentisch von sich, eigenen Erfolgen, aber auch Misserfolgen berichten und was sie gelernt haben.

Sich auch auf die Firma im Rahmen des Gespräches einstellen: Was könnten die von mir erwarten? Wo gibt es Gemeinsamkeiten? Warum bin ich der richtige?

Umfassend über Unternehmen und Stelle informieren, individuelles Anschreiben in der Bewerbung.

Korrekte Bewerbungen erstellen. Wenn Kurzbewerbung gewünscht wird, diese auch kurz halten.

Vorbereitet in das Vorstellungsgespräch kommen.

Sich besser vorbereiten. Vorstellungen vom Beruf haben. Sich besser verkaufen

Form der Unterlagen, Rechtschreibfehler, Ausführlichkeit des Qualifikationsprofils lässt oft zu wünschen übrig.

Eine bessere Vorbereitung auf das Vorstellungsgespräch.

Präsentationsaufbau basiert auf Wünschen/Suchkriterien der Arbeitgeber/Recruiter.

Rechtschreibung und Präsentation.

Digitale Unterlagen unterschreiben.

Einholen von Unternehmensinformationen, gründliche, fehlerfreie Aufbereitung des Bewerbungsanschreibens und der weiteren Unterlagen.

Auswahl des Bewerbungsfotos.

Ihre Bewerbung auf die Stellenausschreibung konzentrieren, kurz beschreiben, warum sie diese Stelle wollen.

Eingehen auf die Stellenanzeige, keine 08/15-Bewerbungen.

Im Vorstellungsgespräch nicht Selbstdarstellung betreiben, sondern plausibel erklären, warum sie geeignet sind.

Sich sorgfältig die Stellenanzeigen durchlesen und sich dann gezielt darauf bewerben.

Im Vorfeld sollte sich ein Studierender darüber im Klaren sein, dass sein Studium den Zweck erfüllt, einen Beruf zu erlernen und auszuüben. Nach fünf Jahren Hochschule dann bei Arbeitgebern aufzulaufen und außer dem Pflichtpraktikum und einer Programmiervorlesung keinerlei Ahnung zu haben, ist definitiv nicht ausreichend. Also: Während des Studiums schon ak-

tiv im Schwerpunktbereich des Studiums als Praktikant/ studentische Aushilfe tätig sein.

Sie könnten sich besser mit dem Unternehmen, bei dem sie sich bewerben, und der Branche beschäftigen.

Sich nur bewerben, wenn Sie die gewünschte Qualifikation haben.

Sich vorab besser übers Unternehmen informieren.

Unterlagen sorgfältiger prüfen: Rechtschreibung, formale Anforderungen.

Absolutes No-Go: Unterlagen vorenthalten, falscher Ansprechpartner oder falsches Unternehmen, da sie kopiert und vorschnell 1:1 weitergeleitet wurden.

Unterlagen übersichtlich gestalten, wenig zu öffnende Dateien.

Gute Voraussetzungen mitbringen, gut überlegen, was sie können, wollen und wohin sie sich entwickeln wollen und gut rüberkommen.

Auf das Erstgespräch besser vorbereitet sein.

Mehr über das Unternehmen wissen.

Ordentliche, saubere und vollständige Bewerbungsunterlagen.

*Sich die Stellenanzeige genauer durchlesen und sich ausschließ-
lich gezielt auf eine passende Stelle bewerben. Ist die Passung
nicht mindestens zu 80% gegeben, lieber initiativ bewerben.*

Einfach authentisch sein und keine Show abliefern.

*Sich in ihrem Anschreiben mit dem durch die Stellenausschrei-
bung deutlich gewordenen Anforderungsprofil auseinandersetzen. Gliederung des CV.*

Das Thema Arbeitslosigkeit ernster nehmen.

*Sich auf das Vorstellungsgespräch besser vorbereiten, vor allem,
wenn eine Arbeitsprobe ansteht.*

Auf die ausgeschriebene Stelle eingehen, fehlerfreies Anschreiben, lückenloser Lebenslauf, die Anforderungen an
eine Stelle nicht komplett ignorieren.

Im Gespräch auch Zuhören.

Lebensläufe klar und einfach erstellen, Anschreiben kürzen,
Dritte Seite nur, wenn sinnvolle Informationen vermittelt
werden bzw. für Marketingberufe, perfekte Vorbereitung
auf die Vorstellungsgespräche. Sich stärker mit dem Unternehmen und der ausgeschriebenen Stelle vorab auseinandersetzen und selbstreflektiert die eigenen Eigenschaften
dazu.

*Komplette und optimal schnell beurteilbare Bewerbungsunter-
lagen inklusive der Angaben 1. Wann zur Verfügung, 2. Gehalt, 3. Umzugsbereitschaft.*

Pünktlichkeit zum Gespräch sowie eindeutige und kurze Antworten auf gestellte Fragen.

Bessere Vorbereitung bezüglich eigener Stärken und Ziele.

Sie sollten grundsätzlich offener wirken und bei dem Gespräch in die Augen schauen.

Dass viele zu wenig vorab überlegen, was exakt das Unternehmen von ihnen erwartet. Besser vorinformieren, um im Gespräch zielgerichtet auf die Bedarfe des Unternehmens eingehen zu können.

Auf Rechtschreibfehler im Anschreiben und Lebenslauf achten.

Lieber weniger und dafür gute Bewerbungen verschicken, als viele mit vielen kleinen Fehlern.

Bewerber könnten sich grundsätzlich im Vorfeld besser auf das Unternehmen vorbereiten. Bewerbungstipps lesen, geforderte Unterlagen vollständig einreichen, Eckdaten des Unternehmens durchlesen.

Bessere Vorbereitung, Hintergrundwissen ist immer ein Plus.

Nicht zu aufgeregt sein, selbstbewusster sein.

Bewerbungsanschreiben kurz und prägnanter formulieren!

Gezieltes Hinterfragen des Erzählten, da merkt man schnell, ob der Schein trügt.

Das Wichtigste ist, dass der Bewerber ins Team passt von seiner Persönlichkeit her.

Besser vorbereitet sein, was das Unternehmen betrifft, seinen Lebenslauf nicht in 30 Sekunden abgehandelt haben, offen und natürlich sein.

Sich über Ziele, Stärken und Schwächen bewusst sein, nicht nach dem Lehrbuch erzählen.

Sie könnten sich zuerst mal die Stellenanzeige genau durchlesen. Es bewerben sich zu oft Leute, die eigentlich schon nach dem Lesen der Anzeige wissen müssten, dass das nichts wird.

Dann beschäftigen sich die meisten zu wenig mit unserer Seite/ unserem Unternehmen und es kommt oft zu Fehleinschätzungen, dass derjenige zu uns passen könnte.

Eher seltener kommt es vor, dass manche grundlegende Sachen wie Lebenslauf oder ein ordentliches Anschreiben einfach fehlen.

Leider kommt es auch ab und zu vor, dass in dem entwickelten Standardanschreiben der Bewerber noch eine andere Firma steht. Individualität in unserer Branche fänden wir schon gut.

Sich gelegentlich besser auf ihre eigene Bewerbung vorbereiten und nicht völlig unbedarft zum Gespräch kommen.

Bei E-Mail-Bewerbungen nur einen oder maximal zwei Dateianhänge verschicken.

Bewerbungen aussagekräftiger und pointierter gestalten, wichtige Informationen von unwichtigen zu trennen.

Eine Bewerbung ist Werbung in eigener Sache, also bringen Sie den Nutzen, den Sie sie sich (allein) verschaffen, auf den Punkt. Nennen Sie die Vorteile, die Sie der Stelle bieten können. Und: Verwenden Sie auch Sorgfalt auf das Äußere. Wenn Sie eine qualitativ hochwertige Leistung, nämlich Ihre Arbeitsleistung, anbieten, sollte sich dies auch in der Gestaltung widerspiegeln.

Viele bewerben sich als Programmierer. Sie geben tolle Expertisen in ihren Lebensläufen an. Aber nach zehn Minuten Praxistest fällt auf, dass Sie nie zuvor programmiert haben und wir schicken sie nach Hause. Die Bewerber sollten nicht glauben, dass es nicht auffällt.

Bewerbung auf eine konkrete Position (nicht z. B. Bewerbung als Mathematiker), relevante Referenzen beifügen, vorzugsweise Arbeitszeugnisse, Zeugnisse von Praktika, weniger wichtig sind Nachweise über besuchte Seminare etc..

Nur wer sich für ein Unternehmen interessant darstellt, ist ein attraktiver Bewerber.

Bewerber sollten sich eine Story aufbauen, um sich persönlich wie auch fachlich darzustellen, damit das Unternehmen ein Gefühl bekommt, ob eine Zusammenarbeit infrage kommt. Im Umkehrschluss: Wer nichts von sich erzählt, wird nicht erlebt. Belanglose Dinge sind natürlich nicht gefragt.

Vorab anrufen und wirklich sinnvolle und relevante Fragen stellen, die darüber hinausgehen, ob die Stelle noch frei ist und auf welchem Wege (Post/Mail) man sich bewerben sollte.

Mehr über ihre bewerbungsrelevanten Erfahrungen schreiben.

Fundiertes Hintergrundwissen zum Unternehmen, bei dem man sich bewirbt.

Die richtig guten Bewerber erkenne ich daran, dass sie schon in Ihrem Anschreiben deutlich machen, warum sie sich für genau diese Stelle interessieren und was sie dafür besonders geeignet macht.

Die meisten Bewerber listen einfach nur Ihre Stärken auf, ohne den Bezug zur Stelle deutlich zu machen, ohne sich über die Zielgruppe Gedanken zu machen.

Bessere Vorbereitung/Kenntnisse bezüglich des Unternehmens, authentisches Auftreten.

Mehr Fragen zum Unternehmen stellen.

Sich über eigene Erfolge / Stärken bewusst sein.

Sich beim Anfertigen der Bewerbung mehr Mühe geben.

Manche: Weniger Selbstpräsentation und ehrlichere Antworten, die die Fragen besser beantworten.

Andere: Sich vorher Gedanken über den eignen Werdegang machen, somit im Gespräch strukturierter und prägnanter die Fragen beantworten und Erfolge herausstellen.

Sich im Vorfeld besser über das Unternehmen informieren, bei welchem sich beworben wurde. Sich darüber bewusst sein, was sie wollen.

Umgangsformen verbessern, rhetorische Fähigkeiten optimieren.

Ihre Motivation erläutern. Initiative zeigen.

Gute Vorbereitung! Eventuell mal einen Bewerbungsleitfaden durchgehen und sich auf bestimmte Fragen vorbereiten.

Im Vorfeld sind Informationen zum Unternehmen, bei welchem man vorstellig wird, einzuholen.

Wichtig ist, sich selbst treu zu bleiben, authentisch zu sein, lieber auch mal offen und ehrlich einzuräumen, wenn man von etwas keine Ahnung hat, als zu versuchen, das Defizit mit schwammigen Phrasen zu überspielen.

Zu sagen, was man tatsächlich meint und möchte und nicht das, was der Personaler vermeintlich hören will, obwohl es nicht der Persönlichkeit und Überzeugung des Bewerbers entspricht.

Bessere Fotos – der erste Eindruck entscheidet!!!

Sich auf den potenziellen Arbeitgeber besser vorbereiten.

Ordentliche und auf das Unternehmen zugeschnittene Unterlagen (es ist erstaunlich, wie viele Bewerber unprofessionelle Unterlagen einreichen ...), vor einem Gespräch genau über das Unternehmen informieren und auch Fragen zum Gespräch mitbringen.

Viele Bewerber sind nicht auf das Gespräch vorbereitet. Viele Bewerber haben selbst keine Fragen an das Unternehmen.

Gezielte Antwort mit weniger Umschweife bzw. von sich aus ausführlichere Information – oft das eine bzw. andere Extrem.

Nicht mit Allgemeinplätzen aus Bewerbungsratgebern antworten, sondern sich selbst Gedanken machen.

Sich über das Unternehmen und die Tätigkeiten, die in der Stellenanzeige beschrieben sind, erkundigen.

Bewerbung per E-Mail, kurzer Text, Bewerbung als Anhang in einer PDF-Datei.

Allgemeine Bewerbungsgrundsätze einhalten, auf die Rechtschreibung achten, vollständige Unterlagen einreichen, sich besser auf Vorstellungsgespräche vorbereiten.

Manche Bewerber sind nicht richtig vorbereitet und haben sich mit dem Unternehmen vor dem Gespräch nicht auseinandergesetzt.

Vorbereitung, Selbstdarstellung.

Intensiver mit dem Beruf und dem Unternehmen beschäftigen.

Sich intensiver mit der gewünschten Tätigkeit und dem Unternehmen auseinanderzusetzen, sich mehr Gedanken über sich selbst machen.

Das Bewerbungsschreiben individueller auf das Unternehmen abstimmen, gut vorbereitet ins Gespräch kommen und hohe Motivation zeigen.

Übersenden der Bewerbungsunterlagen in einer Datei und nicht in einer Vielzahl von Attachements oder gar mehreren E-Mails.

Vollständige Unterlagen und mehr Bezug auf die Vakanz nehmen.

Sich vorher über das Unternehmen und den Beruf informieren.

Ordentlichere Bewerbungsunterlagen (Zeugnisse fehlen teilweise), bessere Unternehmenskenntnisse aneignen; selbstbewussteres Auftreten; auf geeignete Jobs bewerben, nicht sich selbst überschätzen.

Anschreiben gezielt auf unser Unternehmen und die ausgeschriebenen Stellen ausrichten, vollständige Unterlagen einreichen.

218

Die Stellenausschreibung lesen, auf Rechtschreibung achten.

Bessere, aussagefähige Bewerbungsunterlagen einreichen mit Angabe der gesuchten bzw. ausgeschriebenen Stelle.

Nicht negativ über ihren bisherigen Arbeitgeber reden. Es interessiert uns nicht, was war, sondern wo es gemeinsam hingehen soll / kann.

Auf ein angemessenes Äußeres achten; den Eindruck vermitteln, dass man sich über unseren Pflegedienst vorab informiert hat.

Keine Standard-Bewerbung; vollständige Bewerbungsunterlagen einreichen; keine zehn Anhänge, sondern Anlagen in ein bis zwei PDF-Dateien zusammenfassen.

Ordentliche Bewerbungen PDF-Format, auf richtige Ansprechpartner achten und höfliche und korrekte Anrede auch in E-Mails.

Individuelles Anschreiben, Bewerbung als Sammelmappe per PDF verschicken, bessere Vorbereitung in Bezug auf das Unternehmensprofil.

Haben Sie eine bewährte Strategie, um bei Vorstellungsgesprächen den *richtigen* Bewerber zu ermitteln? Wenn ja, welche?

80% redet der Bewerber, Gesichterlesen, Persönlichkeitsanalyse, meine berufliche Erfahrung, sich besser auf das Interview vorbereiten.

Klare Definition der Anforderungen an die zu besetzende Stelle.

Leitfaden für Interview.

Gute Fragen. Sehr gutes Anforderungsprofil vorab erstellen, Einsatz strukturierter Telefoninterviews, kompetenzbasierte, persönliche Interviews mit Fokus darauf, was der Kandidat an Beispielen aus der Vergangenheit für Erfolge/Misserfolge bringen kann.

Mehrere Einzelgespräche inklusive Case-Bearbeitung.

Genau hinhören, gut vorbereiten.

Die Fähigkeiten, die sich der Bewerber zuschreibt, durch Experten in dem betreffenden Sachgebiet überprüfen lassen. Nicht nur passives Wissen abprüfen, sondern auch den Bewerber ein Problem / ein Puzzle aus seinem Fachgebiet lösen lassen.

Strukturiertes Interview mit festem Fragenkatalog.

Bewerbungstest (Allgemeinwissen).

Small Talk zur Ermittlung der Artikulationsfähigkeit.

Intensive persönliche Gespräche, Verhalten in bestimmten Arbeitssituationen schildern lassen.
Auf mein Bauchgefühl achten.

Motivation, Berufs- und ganz wichtig LEBENSERFAH-RUNG spielen bei uns eine ganz große Rolle. Darüber hinaus müssen BewerberInnen mit Regieaufgaben der Diakonie/Kirche nahestehen und die Aufgaben eines Sozialunternehmens verstehen.

Wir erstellen vorher ein Kandidatenprofil und entsprechend selektieren wir die Bewerbungen.

In erster Linie achte ich auf eine saubere Bewerbung, dann auf die Erfahrung. Erst später auf die (Schul-)Zeugnisse.

Es gibt verschiedene Techniken – ja auch Spielchen – um Bewerbern auf den Zahn zu fühlen.

Kreativität, Arbeitswille, Flexibilität haben für mich oberste Priorität.

Dafür gibt es auch verschiedene Fragetechniken und natürlich gehört auch eine gute Portion Menschenkenntnis dazu.

Klare Definition der Anforderungen an die zu besetzende Stelle.

Gefordertes Know-how.

Persönlicher Eindruck.

Mehrphasen Interview und Profiling.

Aus dem üblichen Frageschema ausbrechen, Potenzial und Lernbereitschaft interessieren mehr als Zeugnisse.

Wir führen zwei Einstellungsgespräche. Das erste wird von dem Personalleiter (mir) geführt. Dabei lege ich Wert auf die persönliche Kompetenz. Das zweite Gespräch erfolgt mit der Abteilungsleitung mit Hauptaugenmerk auf die fachliche Kompetenz.

Immer maßgeschneidert, Mischung von Fakten und Persönlichkeitselemente.

Strukturiertes Interview – mit konkreten Vorstellungen über das gewünschte Profil verbunden mit deutlichem Nachhaken.

Strukturiertes Interview, teilweise Stressinterviews mit praktischen Übungen; situationsbezogene Fragestellungen; äußeres Erscheinungsbild; Pünktlichkeit.

Vorbereitung des Gespräches. Den Bewerber herausfordern / fordern; Fachfragen stellen; das Zwischenmenschliche beachten

Fachkompetenz

Interview: Kennenlernen / Erwartungen und Einstellung des Bewerbers klären.

Interview: Kompetenzen überprüfen und Einstellung verfestigen (konsistent zum 1. Interview?).

AC: Methodischer Wechsel, um Einstellung und Kompetenzen des Kandidaten zu erkennen.

Es ist wichtig, nach der Motivation eines Bewerbers zu forschen. Fachkenntnisse können in einem gewissen Rahmen erlernt werden, Motivation jedoch nicht. Die Passung zum Team ist ebenfalls sehr wichtig.

Wir führen ausschließlich Gruppenbewerbungsverfahren durch. Gerade in sozialen Unternehmen ist es wichtig, dass sich die Mitarbeiter/innen in Gruppen wertschätzend und empathisch verhalten und sich aufeinander beziehen können. Im zweiten Schritt findet dann eine Hospitation im Projekt statt, bei der Team und Klient/innen kennengelernt werden können.

Kompetenzbasierte Interviews führen.

Vorstellungsgespräch, Online-Auswahltest, Vorstellungsgespräch mit wechselnder Besetzung.

Teilstrukturierte Interviews durch HR und Fachabteilung, Austausch zum Bauchgefühl.

Ein persönliches Gespräch, fachlich-technische Fragen.

Einen Masterplan gibt es nicht – erfolgreich wird ein Bewerbungsgespräch bei einem PDL dann, wenn in einer offenen und ehrlichen Atmosphäre klar definiert wird, was ein Bewerber sucht, wo seine Stärken und Schwächen liegen und unter welchen Voraussetzungen (monetär, Einsatzgebiet/-ort, Vertragsart) 100%ige Einsatzbereitschaft erwartet werden kann.

Offenes Gespräch, um die fachliche und persönliche Qualifikation des Bewerbers und die gegenseitigen Erwartungen zu klären. Zeitaufteilung: 1/3 Vorstellen des Bewerbers und seines Werdegangs, 1/3 Vorstellen des Unternehmens und der Aufgabe, 1/3 Dialog zum Austausch von Informationen und Meinungen.

Auswahlverfahren, strukturierte Interviews, Probetage, Erfahrung, Referenzen, mindestens Sechs-Augen-Prinzip; Teammeinung.

Strukturiertes Interview, Erfahrung und Fingerspitzengefühl.

Erstgespräch und Zweitgespräch => verschiedene Gesprächsteilnehmer. HR & Fachbereich zusammen.

Auf Verhalten der Bewerber bei lockerer Atmosphäre achten.

Gespräch aus Sicht der Fachabteilung.

Gespräch aus Sicht der Personalabteilung.

In den Gesprächen ist die zwischenmenschliche Komponente sehr wichtig für uns. Eine offene und kollegiale Atmosphäre zu schaffen, hilft dabei, den Menschen kennenzulernen.

Die Strategie gibt es meiner Meinung nach nicht. Es muss persönlich passen und die fachlichen Qualifikationen müssen einfach stimmen. Hier haben sich Fragen zu Vorgehensweisen der Bewerber in der Praxis bewährt (situative Fragen).

Es muss sich ein Gespräch auf Augenhöhe entwickeln.

Die Darstellung muss eloquent und rege sein.

Der Eindruck muss natürlich sein und darf nicht abgehoben wirken. Eine besondere Strategie haben wir dabei nicht.

Lücken im Lebenslauf hinterfragen, ebenso schwammige Punkte. Tiefer in die Thematik einsteigen. Wissen der Bewerber im Gespräch abfragen …

Kein Entscheid anhand einer Strategie. Gute Vorbereitung, professionelles und interessiertes Auftreten sowie ein ansprechender Werdegang.

Wir sind ein kleines Unternehmen und ich besetze ausschließlich unternehmensunkritische Positionen. Daher verlasse ich mich auf mein Bauchgefühl und das klappt bisher ganz gut.

Einen Leitfaden mit Fragen.

Qualifizierte Bewerbungsanalyse, Mehraugenprinzip: Fachbereich und Personalbereich getrennt, Erstellung einer detaillierten Stellenanforderung mit Fokus auf die weichen Anforderungen. Zweites Vorstellungsgespräch, wo der Kandidat deutlich länger im Hause ist und auf Herz und Nieren geprüft wird, strukturierte Feedback-Gespräche mit dem Fachbereich.

Viele persönliche Fragen, um charakterliche Eigenschaften herauszustellen.

Bewerbungsform – auch Geruch = Zigarettenrauch.

Strukturiertes Interview nach entsprechendem Anforderungsprofil, Probearbeit.

Gezielte Fragen auch in den beruflichen und persönlichen Hintergrund.

Rollenspiele.

Nein, funktioniert eigentlich nur über die Probezeit – es dauert ein Jahr und länger, bis man jemanden kennt.

Keine bewährte Strategie – Gesamteindruck aus Bewerbungsunterlagen und dem persönlichen Eindruck im Vorstellungsgespräch müssen gleichsam gut sein.

Ein Bewerber muss authentisch wirken, nicht glauben auf Fragen die richtige Antwort geben zu müssen und dabei zu viel reden, ohne etwas zu sagen.

Umfangreiche Durchsprache seiner Vergangenheit, Leistungen, Ergebnisse und Zukunftsperspektiven; Interview durch Vorgesetzte und Personaler; Bewertung des persönlichen Eindruckes; Besichtigung von Abteilungen/Maschinen.

Aus Erfahrung haben wir Fragebögen und einen Test entwickelt.

Bei Auszubildenden eine Bewerberrunde, bei der sich das Unternehmen und die Bewerber vorstellen, anschließend schriftlicher Fragebogen (kein Assessmentcenter). Bei allen anderen Bewerbungen Vorstellungsgespräche.

9

Literaturtipps und -nachweise

Friedmann Schulz von Thun
Miteinander reden: 1
Verlag: rororo
ISBN: 3 49961694 4
Erscheinungsjahr: Sonderausgabe März 2005

Bodo Schäfer
Die Gesetze der Gewinner
Verlag: dtv
ISBN: 978-3-4234048-9
Erscheinungsjahr: November 2007

Susanne Weber
Die besten Mitarbeiter finden
- Bewerberflut zielsicher bewältigen
Verlag Cornelson
ISBN: 978-3-589-23566-7

Jörg Knoblauch, Jürgen Kurz
Die besten Mitarbeiter finden und halten
Verlag Campus Verlag
ISBN: 978-3593390048

Cristián Gálvez
Du bist was Du zeigst
Verlag Knaur TB
ISBN 978-3426780404

Knebel/Westermann
Das Vorstellungsgespräch
Verlag Recht und Wirtschaft Heidelberg
ISBN 978-3800-573-080

Katja Dyckhoff und Thomas Westerhausen
Stimme: Das Geheimnis von Charisma:
Ausdrucksstark und überzeugend sprechen
Verlag Walhalla
ISBN 978-3802938443

Papierfresserchens MTM-Verlag

Beate Nörl
Die schriftliche Bewerbung
ISBN: 978-3-86196-000-3, 7,90 €

In diesem Buch finden Sie die Bausteine, wie Sie mit Ihren individuellen Bewerbungsunterlagen den Traumjob finden.

Beate Nörl
Das Bewerbungsgespräch
ISBN: 978-3-86196-001-0, 7,50 €

In diesem Buch finden Sie die Bausteine, wie Sie sich ideal auf ein Bewerbungsgespräch für Ihren Traumjob vorbereiten können.

www.papierfresserchen.de

10

Kopiervorlage

Meine Beruf	Übergeordnete Tätigkeit	Konkretisierung	Bewertung
			1 2 3 4

Tabelle 1 / S. 22

Der Autor

Nico Pirner, Jahrgang 1963, ist seit Jahren als Führungskraft mit Personalverantwortung im technischen Bereich tätig. Nicht nur tagsüber, sondern auch nachts geht er vielfältigen Beschäftigungen nach, u.a. als Bewerbungs- und Kommunikationstrainer.

Er ist unter anderem staatlich geprüfter Elektrotechniker, technischer Betriebswirt und Kursleiter am Bildungszentrum Nürnberg.